西安石油大学优秀学术著作出版基金资助项目

埋地热油管道
预热投产数值模拟

NUMERICAL SIMULATION FOR
PREHEATING AND COMMISSIONING PROCESS
OF BURIED HOT OIL PIPELINES

王勇 著

中国石化出版社
HTTP://WWW.SINOPEC-PRESS.COM

内容提要

本书针对新建热油管道预热投产中的流动与传热问题,阐述其数学模型和数值解模算法;重点阐述了流体瞬变模型和管道散热模型的不同数值求解方法,侧重以双特征线结合有限元法耦合建立管道在预热和投油两阶段的数值模拟方法,并对陆地及海底管道预热投产中的参数变化、投产方案等进行了预测。

本书可供从事输油管道研究的学者和工程技术人员借鉴和参考,也可作为高等院校油气储运专业研究生的参考资料。

图书在版编目(CIP)数据

埋地热油管道预热投产数值模拟/王勇著.
—北京:中国石化出版社,2019.7
ISBN 978-7-5114-5444-7

Ⅰ.①埋… Ⅱ.①王… Ⅲ.①热油管道-预热-数值模拟 Ⅳ.①TE973

中国版本图书馆 CIP 数据核字(2019)第 183119 号

未经本社书面授权,本书任何部分不得被复制、抄袭,或者以任何形式或任何方式传播。版权所有,侵权必究。

中国石化出版社出版发行
地址:北京市朝阳区吉市口路 9 号
邮编:100020 电话:(010)59964500
发行部电话:(010)59964526
http://www.sinopec-press.com
E-mail:press@sinopec.com
北京富泰印刷有限责任公司印刷
全国各地新华书店经销

*

710×1000 毫米 16 开本 9.75 印张 169 千字
2019 年 7 月第 1 版 2019 年 7 月第 1 次印刷
定价:70.00 元

前　言

　　油气管道是国家能源运输的重要基础设施，被称为国民经济的"动脉"。随着石油工业蓬勃发展，我国新建管道里程逐年攀升，并将在以后一段时间内持续保持此增长势头。投产启输是新建管道服役的必经之路，是管道由施工建设转热生产运行的关键阶段。对于输送易凝、高黏油品的热油管道，其投产以预热投产方式为主。预热投产过程是非稳态流动与传热过程，若投产不当，会导致原油温度急剧降低、沿程摩阻急剧升高而被迫停输，甚至造成凝管的严重事故。

　　随着计算机技术的发展，采用数值模拟方法可充分预测热油管道投产过程中参数变化行为。本书详细归纳了埋地热油预热投产的数值模拟方法，对埋地热油管道预热投产的物理过程、数学建模、流动和传热方程的数值求解格式和耦合算法等进行总结和概括。供从事输油管道研究的学者和工程技术人员借鉴和参考，也可作为高等院校油气储运专业研究生的参考资料。

　　全书共5章。第1章对埋地热油管道投产启输特点及方式进行了介绍，并对常见的埋地热油管道非稳态传热问题的国内外研究历程进行了总结，包括停输再启动、管道修复、冷热油交替、同沟敷设、预热投产等；第2章阐述了埋地热油管道预热投产过程中的流动-传热数学模型，并介绍了模型参数和物性参数的确定方法；第3章阐述了几种管道瞬变流动方程的数值解法，包括特征线法、隐式法以及MacCormack法，着重运用特征线法建立了埋地热油管道预热投产期间管内热流体的水力、热力耦合算法；第4章主要阐述了有限差分、有限容积、有限单元三种数值传热基本方法，并重点基于四边形4节点等参元模型建立了埋地热油管道非稳态传热的有限单元法数值求解格式；第5章以双特征线结合有限法为例，阐述了二者耦合求解埋地热油管道预热投产过程中水力和热力参数变化的基本思路，重点针对清管器隔离置换投油模型，建立了对应耦合求解算法，在此基础上，分别阐述了陆地和海底埋地热油管道预热投产过程中的参数变化规律，同时，对投油时间和投产方案进行了讨论。

本书得到了西安石油大学优秀学术著作出版基金资助；感谢陕西省教育厅科研计划项目"基于水力热力耦合的海底热油管道投产置换数值模拟研究"（项目编号：18JK0629）及西安石油大学青年教师创新基金对笔者研究工作的大力支持；感谢王力博士对本书部分章节和插图进行了仔细修正！

限于学术水平，书中难免存在不妥之处，恳请读者批评指正。

目 录

第1章 绪论 ··· 1
  1.1 埋地热油管道投产启输特点及方式 ································· 2
    1.1.1 埋地热油管道投产启输特点 ····································· 2
    1.1.2 埋地热油管道投产启输方式 ····································· 2
  1.2 埋地管道的非稳态传热问题研究 ···································· 4
    1.2.1 概述 ··· 4
    1.2.2 停输再启动过程期间非稳态传热研究 ····························· 6
    1.2.3 管道修复期间非稳态传热研究 ··································· 9
    1.2.4 冷热油交替输送过程的非稳态传热研究 ·························· 11
    1.2.5 同沟敷设传热问题研究 ·· 15
  1.3 预热投产的非稳态热力过程模拟研究 ······························· 19

第2章 热油管道预热投产数学模型 ·· 26
  2.1 埋地热油管道热力系统分析 ······································· 26
  2.2 基本假设 ··· 27
  2.3 管道瞬态流动方程 ··· 28
    2.3.1 连续性方程 ··· 28
    2.3.2 动量方程 ··· 29
    2.3.3 能量方程 ··· 31
  2.4 管道和土壤的非稳态导热方程 ····································· 32
    2.4.1 土壤热传导区域的确定 ·· 32
    2.4.2 非稳态导热微分方程 ·· 34
  2.5 热力耦合方程 ··· 35
  2.6 油水转换期间参数变化规律及模型 ································· 35

2.6.1 总传热系数变化 ··· 35
2.6.2 混油情况 ··· 36
2.6.3 隔离置换投油模型 ··· 37
2.7 初值及边界条件 ··· 43
2.7.1 初值条件 ··· 43
2.7.2 边界条件 ··· 43
2.8 模型参数的确定 ··· 45
2.8.1 水力摩阻系数 ··· 45
2.8.2 流体向管道内壁放热系数 ··· 46
2.8.3 立管外壁向大气和海水放热系数 ··· 48
2.9 预热水物性参数的确定 ··· 49
2.9.1 密度 ··· 49
2.9.2 膨胀系数 ··· 50
2.9.3 动力黏度 ··· 50
2.9.4 导热系数 ··· 50
2.9.5 比热容 ··· 51
2.9.6 体积弹性系数 ··· 51
2.10 原油物性参数的确定 ··· 51
2.10.1 密度 ··· 51
2.10.2 导热系数 ··· 52
2.10.3 体积膨胀系数 ··· 52
2.10.4 比热容 ··· 52
2.10.5 原油黏度 ··· 53
2.11 土壤导热系数 ··· 55

第3章 流体流动模型数值求解方法 ··· 58
3.1 特征线法 ··· 58
3.1.1 特征线法在油气管道仿真中的应用 ··· 58
3.1.2 特征线法数值求解格式 ··· 59
3.1.3 网格的划分 ··· 64

3.1.4 边界条件的处理 …… 64
3.1.5 瞬态流动的热力 - 水力耦合算法 …… 66
3.2 隐式法 …… 67
3.2.1 隐式法差分方程 …… 67
3.2.2 方程组的封闭性 …… 69
3.2.3 非线性方程组求解 …… 69
3.3 MacCormack 法 …… 71
3.3.1 MacCormack 在国内外仿真中的应用 …… 71
3.3.2 MacCormack 算法基本原理 …… 76
3.3.3 MacCormack 算法求解格式 …… 79
3.3.4 网格剖分 …… 80
3.3.5 边界条件 …… 80

第4章 管道散热模型数值求解方法 …… 82
4.1 有限差分法 …… 83
4.1.1 网格划分 …… 84
4.1.2 控制方程的离散化 …… 85
4.1.3 边界条件的处理 …… 87
4.1.4 隐式差分格式及其与显式格式的区别 …… 88
4.2 有限容积法 …… 90
4.2.1 网格划分 …… 90
4.2.2 控制方程的离散化 …… 91
4.3 有限单元法 …… 94
4.3.1 有限单元法基本原理 …… 94
4.3.2 导热方程的离散格式 …… 95
4.3.3 边界条件的处理 …… 102
4.3.4 单元模型的装配 …… 104
4.3.5 时间差分格式 …… 105

第5章 预热投产水力热力耦合算法及应用 …… 107
5.1 流动方程与传热方程耦合求解方法 …… 107

5.2 隔离置换投油模型耦合求解方法 ………………………………… 109
　5.2.1 油气管道清管数值研究现状 ……………………………… 110
　5.2.2 清管过程数值模拟基本方法 ……………………………… 113
　5.2.3 隔离置换投油耦合算法 …………………………………… 117
5.3 埋地热油管道预热投产模拟 ………………………………………… 122
5.4 投油时间确定 ………………………………………………………… 125
5.5 投产方案研究 ………………………………………………………… 126
　5.5.1 优化投产方案研究 ………………………………………… 126
　5.5.2 反向预热投产研究 ………………………………………… 127
参考文献 ……………………………………………………………………… 130

第1章 绪 论

历经近10年的快速建设,我国油气管道已经形成位居世界前列的网络规模,管道建设和运营管理开始向高质量发展转型。截至2018年年底,我国境内建成油气长输管道累计达到13.6×10^4km,其中天然气管道约7.9×10^4km,原油管道约2.9×10^4km,成品油管道约2.8×10^4km。根据国家石油发展"十三五"规划,到2020年,将累计建成原油管道3.2×10^4km,形成一次输油能力约6.5×10^8t/a。

投产启输是新建原油管道服役的必经之路,是管道由施工建设转热生产运行的关键阶段。管道的设计是否符合实际,施工质量是否符合要求等问题都将在投产过程中集中暴露出来,因此历来备受管理者和现场工程师的重视。热油管道的投产方式取决于管道的运行方式,但是从根本上讲,还是取决于输送油品的基本性质。我国生产的原油中,高凝点的含蜡原油以及高黏度的稠油占了很大一部分。对于这类原油,虽然已经开展了常温输送的研究,但目前仍以加热输送方式为主。通过提高油品温度,降低黏度,减小摩阻损失,同时在管道沿线建立稳定温度场,使原油在输送过程中始终维持在凝点以上,保证管道安全运行。

对于新建埋地热油管道,管道周围土壤温度场为自然温度场,温度一般比较低。投产时,高黏易凝原油如果直接注入冷管道,原油与管壁以及周围环境产生巨大温差,冷管道和土壤将从热油中吸收大量热,导致原油温度急剧降低、沿程摩阻急剧升高而被迫停输,甚至造成凝管的严重事故。为了避免这种情况的发生,在实际生产中,对于绝大多数长输埋地热油管道启动通常都采取一定的措施。热油管道投产启输,目前主要为预热投产方式,即先用热水预热,待管道和周围土壤被加热至形成合适温度场后,再适时投入热油,从而保证输送过程中油品温度始终处于安全可控的范围内。

埋地热油管道预热投产研究可采用实验研究和数值模拟方法,目前以后者为主。笔者在参阅了大量国内外热油管道预热投产及相关研究的基础上,对上述两种研究方法进行了概括,并着重对预热投产数值模拟相关算法进行了阐述和总结。

1.1 埋地热油管道投产启输特点及方式

1.1.1 埋地热油管道投产启输特点

长距离埋地热油管道的投产过程主要是土壤蓄热、管输流体-管道-土壤从存在巨大温差到逐步热平衡的过程。整个过程中沿线各截面的土壤温度场都是随时间变化的，且各处的变化情况不同，是三维非稳态传热过程。若以热油直接投产，则热油刚进入温度等于埋深处土壤自然温度的冷管道时，油与管壁及其附近土壤的温差很大，冷管道将从油流中大量吸热，使油温急剧降低。但此时管道及其附近土壤与外围土壤的温差很小，故往远处土壤及大气散失的热量很少。从油流中散失的热量主要使管道及其附近土壤的温度上升，即在管道周围的土壤中蓄热。

随着上述传热过程的进行，管道附近的土壤温度逐渐升高，与油流的温差逐渐缩小，油流的热损失也逐渐减少。而近处土壤与远处土壤的温差则逐渐增大，其往外散失的热量也不断增加，在管道热影响区范围内，土壤的温度均有不同程度的升高。当各部分土壤往外传递的热量相等时，管道周围土壤中就建立起稳定的温度场，土壤的蓄热过程也就结束了。由于土壤具有导热系数小、热容量大的特点，建立稳定的温度场需要相当长的时间。

在热油进入管道后的不同时间里，管道轴向不同距离处的散热情况也是不同的。在起点处，如热油输送管道是维持出站温度不变运行，随着土壤蓄热量不断增加，散热量逐渐减小。但在中间某截面处，油头到达时，油温已降至比出站温度低很多，故散热量较少。随着投油时间的延长，前段管道的油温温降逐渐减小，后段管道的油温则逐渐上升，其散热量经历逐渐增大、土壤蓄热后又逐渐减小的过程。在终点截面处，投产开始阶段热油到达时可能已经接近低温，要经过一段时间，油温才逐渐上升，升温速度较慢。

1.1.2 埋地热油管道投产启输方式

目前埋地热油管道投产启输方式有三种：冷管直接启动、预热启动、原油加稀释剂或降黏剂启动。

（1）冷管直接启动，又称空管投油，即管道不经过预热直接输入待输送的热油。空管投油前,需先向管道内注入一定量的水或氮气保护油头。油头采用清管器隔离,待油流基本稳定后,再在油油界面之间发送第2个清管器,并进一步确认管内气流的排除情况,在各站场进行收、发作业。管道空管投油是国外常用的一种成功投产方式,节省投产费用和时间。但是空管投油过程没有用水流建立相应的温度场,油流在管道内的温降很快,容易形成油头的凝结,产生水击现象,此外在大落差地段,管内容易形成不满流状态。冷管直接投油节省投产费用和时间,但不够安全,一般只在较短管道、土壤温度较高的季节,经计算确认热力和水力条件有充分保障的前提下才使用。

(2) 预热启动。热油管道输送的都是易凝高黏原油或油品,为了保证投产顺利进行,避免凝管事故的发生,长输热油管道启动时常需采用预热措施。对于绝大多数长输热油管道,通常都是先用某种高热容、低黏度的介质加热来预热管道,待其周围新的土壤温度场建立、预热介质进站温度提高后,再适时地投入热油以进行正常输送。目前,预热投产是热油管道普遍采用的投产方式,也是本书的研究对象。

水的比热容大,黏度、凝固点比原油低,很适于做预热介质。缺点是用水量较大,投油后还要处理管道排放的含油污水。这种预热方式要求有充足的水源和备水设施,同时,下游需要具备接收可能污水的能力,沿线大量排水不能对环境产生任何影响。预热的方法可以从起点往终点连续输送热水,也可以反过来从终点往起点输送,视供水条件而定。为了节约水和热量,并避免排放大量预热用水污染环境,常采用往返输送热水的方法预热管道。对于陆上长输管道而言,有时还将管道的预热和中间加热站加热炉的试烧结合起来,因此预热过程的出站水温常是变化的。预热时,出站水温不能过高,否则会引起管道过大的热应力或破坏防腐层。

(3) 原油加稀释剂或降凝剂启动。这种方法是通过加剂降低原油的凝点、黏度,避免投产过程中发生超压或凝管事故。降凝降黏效果足够好时,可以直接投油,待土壤温度升高至进站油温满足热输要求后可转入正常输油。这种方法也可以与预热共同使用,通过原油降凝降黏,缩短预热时间,提高投产的安全性。

此外,还有注氮气投油的投产方式。这种投产方式一方面必须考虑沿线站点安装氮气加注装置,成本费用较高;另一方面,又必须综合考虑对运行设备造成的气蚀等方面的影响,在国内基本不采用该种方法进行原油管道的投产。

目前,在实际生产中,除了对某些短管或输送低凝低黏原油时可采用热(或常温)原油直接启输外,绝大多数长输埋地热油管道,通常都是采用预热投产的方式。投产中,亦可采用加剂综合处理方式使得原油凝点进一步降低。

1.2 埋地管道的非稳态传热问题研究

埋地热油管道预热投产是三维非稳态传热过程，是埋地管道非稳态传热问题这个大方向的一个分支。除预热投产研究外，对于埋地管道非稳态传热问题的研究主要集中在管道运行参数波动、热油管道停输再启动、管道停产修复、冷热原油顺序输送以及双管并行敷设等方面。

国外的一些学者对管道传热问题的研究多采用的是线热源法和等效圆筒法推导埋地管道传热问题的解析解。线热源法是将热油管道当作半无限大均匀介质中的线热源，即认为土壤是各向同性的，管道向各方向的热流强度相等，利用源汇法温度叠加原理，推导出热源和冷源共同作用下所形成的合成温度场。等效圆筒法是把埋地管道当作半无限大均匀介质中的等效圆筒形热源，忽略地表散热的影响，假设热源开始作用前，管壁及周围土壤温度为一定值，利用分离变量等方法对管道进行解析求解。随着计算机技术的发展，数值求解已越来越多地应用到管道传热问题的计算上来，有限差分、有限元及边界元等计算方法也相继引出作为管道传热计算的主要方法。国内外许多学者对此进行了多方面的研究，提出了大量有价值的求解方法和经验。

本节将对埋地管道非稳态传热问题的几个研究方向进行文献总结与归纳，使读者对埋地管道非稳态传热研究的发展历程有必要了解。

1.2.1 概述

20世纪70年代，Wheeler J. A. 和 Haim H. Bau. 较早地应用有限元、有限差分法，对埋地热油管道的热量传递、散热损失及温度状况进行了理论研究。随后，H. H. Bau 和 S. S. Sadhai 研究了两种情况下埋地管道热损失模型的解析解。第一种为混合边界条件下，管内为湍流情况，管道表面传热系数恒定；第二种情况流体流动为层流，且温度沿管道轴向线性变化。K. Himasekhar 和 Haim H. Bau 分析了稳态情况下，埋地冷热水管道在土壤中的热损失问题。将土壤视为半无限大的饱和多孔介质，管道表面当作绝热边界，利用 MACSYMA 软件对建立的数学模型求解。

1997年，李长俊通过运用数学分析法（保角变换、拉普拉斯变换等）对管道内介质和周围半无穷大土壤的不稳定传热问题进行了分析，得出土壤温度场的计算公式。同时研究了埋地热油管道的停输理论计算问题。邢晓凯、张国忠给出了确定热油管道正常运行温度场的数学模型，编制了模拟计算软件，并以中洛复线为例计算了全年不同时间的温度场。Weon-Keun Song 对花岗岩土壤的埋地管道进行了非稳态传热分析，预测了其温度场和冻结层深度，并通过数值计算程序对有效热容量模型进行分析。

2005 年，崔慧在充分考虑管内油流热力、水力耦合以及管内油流与管外介质耦合的基础上，提出了一个比较完整的非稳态工况传热与流动双层耦合模型。求解时采用双特征线法求解管内油流参数，用有限单元法求解管外土壤温度场，并编制了相应的计算程序。通过与 TLNET 软件计算结果比对，证明该模型合理，可用于热油管道非稳态工况的计算。随后又研究了热油管道稳态和非稳态时总传热系数。对于稳态传热系数，采用最小二乘法原理，采用反算的方法确定总传热系数。对于非稳态过程，采用上述的两层耦合模型以及相应的求解方法。通过与实测数据对比证明，这种模型和方法能够为热油管道非稳态运行提供可靠的理论依据。

2009 年，刘素枝针对不同埋深的热油管道输送过程中管内油品温降和土壤温度场，利用有限元法进行了数值计算。计算中虽然考虑了很多管内与管外因素，但是没有考虑外界环境因素的周期性变化，以及管内油品物性随温度的变化。

2010 年以后，宇波等建立了正常工况下埋地热油管道传热和油流模型，结合非结构化有限容积法和有限差分法对模型进行求解，同时分析了不同影响因素对管道沿线温度分布影响。Xu Bo 等将土壤视为多孔介质，建立了含蜡原油管输时管内外水-热耦合模型并进行求解，模拟结果与实验数据吻合，并用作评价一条真实管道的运行安全。Yu Guojun 等创新性地将有限容积法与降序本征正交分解-伽辽金法结合，详细介绍了埋地管道非稳态热力计算的降序本征正交分解-伽辽金法和三种边界条件的处理方法，及其在非结构化网格上的实施。将此模型应用到顺序输送和投产过程，结果表明，降序的本征正交分解模型具有使用方便、结果精确的优点，从而为输油管道安全设计、经济管理提供了一种高效的数学处理方法。

除研究者人工建立数学模型进行求解外，商用软件也逐步引入到管道埋地传热问题的研究中。张青松、赵会军、杜明俊等、朱红钧等、张帆、刘晓娜等分别运用 PHONICS、FLUENT 等软件对埋地管道稳态和非稳态过程进行了数值模拟，得到了管内流体和外部土壤温度场分布情况。

1.2.2 停输再启动过程期间非稳态传热研究

加热输送的输油管道在运行过程中,不可避免地会发生自然灾害、电力系统故障和管线维修等情况,造成停输。这时油管内原油的黏度随油温下降而不断上升,当油温降到接近凝点时,单位管长的摩阻将急剧升高,给管道的再启动带来极大的困难,甚至造成凝管事故。为避免凝管事故发生,需要准确确定输油管道在不同环境条件影响下,不同停输时期时管内介质的温降情况,准确确定管道的停输温降及允许停输时间。

输油管道停输和再启动过程的传热问题非常复杂,涉及到管内原油与管外沙土的非稳态传热,以及非稳态原油的流动与传热的耦合问题,无法获得严格的解析解,而且非稳态问题的解析解在形式上通常非常复杂,且包含无穷级数,不便于工程应用。目前对于热油管道非稳态热力问题研究主要采用数值解法。相对于分析法,数值解法引入的假设较少,通过选择合适的算法以及控制网格的划分,可获得较高的精度。关于这方面研究,国内外学者作了探索。

20世纪80~90年代,Кельвин把管线当作线热源,将大地表面温度视为常数,在半无限大均匀原油以及稳定传热的基础上,采用线热源法、当量环法和克拉索维茨基(БАКрасовиπкий)法计算地温场,给出了油温随时间下降的解析解。菱田干雄等从高普朗特数角度出发,分析了恒壁温的水平圆管内、伴有非稳态自然对流换热的高普朗特数流体的凝固过程,明确了管内自然对流和凝固界面形状随时间变化的关系,未考虑外界环境变化的影响,而且油品物性参数均采用固定值。

1995年,安家荣等建立了水下和架空管道停输温降过程的数学模型。利用有限元法得到了模型的数值解,较好地解决了在停输降温的过程中的原油相变,在移动边界条件下的管道的自然对流问题。随后,李长俊等通过运用数学分析法(保角变换、拉普拉斯变换等)对管道内介质和周围半无穷大土壤的不稳定传热问题进行了分析,先后计算了停输过程中管内介质和土壤温度场温度。随后又综合考虑了有关物性参数随温度的变化,以及在冷却过程中油品的凝固问题,采用相同的数学分析方法进行求解,计算结果比早前的研究更符合实际情况。

进入21世纪后,停输再启动研究逐渐兴盛起来。2001年,吴国忠等将埋地半无限大区域简化为有界的矩形区域,建立热油管道稳态传热数学计算模型,计算得到不同管径、不同敷设条件下,管道散热损失变化情况。随后又针对新疆埋地输油管道停输问题,分析非稳态热力过程,建立了埋地管道停输时的传热计算模型，给出了埋地管道传热微分方程，建立有限差分方程组并用高斯－赛德尔迭代法求解这些代数方程组。

同年，吴明等根据停输后热油管道内原油径向传热规律及轴向温降公式，提出了传热定解问题，编制了软件程序，为热油管道在不同季节的停输时间计算提供了参考。后又根据热油管道停输后油品和管道周围土壤的热力变化工况，运用数学分析法对其进行数学求解，得出土壤温度场的解析式。该解析式的计算值比由源汇法及当量环法所得到的解析式的计算值更接近于实际测量值。

2004 年，李伟等全面分析了埋地含蜡原油管道停输后管内原油的温降规律，对埋地含蜡原油管道与输水管道、稠油管道以及架空管道的停输温降规律进行了比较，指出停输初始阶段的自然对流传热和伴随有蜡晶潜热释放的移动界面传热问题是埋地含蜡原油管道停输温降研究的两个关键，同时分析比较了常用的停输温降数学模型。

2005 年，卢涛等考虑了凝固潜热和空气横掠管道对原油温降过程的影响，建立了架空管道空气、管道与原油相互耦合的传热模型。研究表明，在停输中后期，因凝固潜热的释放，热阻随凝油厚度增加而增大，大大减缓了原油温降的速度。对流换热系数沿管道周向分布不均，导致管内原油温度周向分布不均和凝固界面中心偏离管道中心。基于原油凝固区域为一固相和液相组成的动态多孔介质区域的假设，建立了土壤、管道能量方程与原油质量、动量和能量方程相互耦合的传热模型，合理解释了停输期间温度场、凝固界面和自然对流规律，求解了停输期间温度场、流场以及土壤水分结冰界面和管道中原油凝固界面的分布情况。结果表明：停输期间越靠近管壁正上方的土壤，其温度梯度越大；土壤水分结冰界面和管道中原油凝固界面随停输时间向埋深方向推进，管道顶部土壤中的结冰界面推进速度较远离管道土壤中的结冰界面缓慢，管内原油凝固界面也向埋深方向偏移。

2007 年，王兵等针对加热原油管道停输后油品、管壁、保温层、防护层及周围介质的相互关系和它们的不稳定传热问题，对埋地管道、架空管道分别提出了热力计算及安全停输时间计算的数学模型。该模型综合考虑了有关物性参数随温度的变化情况，采用保角变换和盒式积分法对上述数学模型进行处理，构造出问题的差分格式，并采用高斯消元法求解差分方程组，得到了问题的数值解。

同年，赵会军等通过对埋地热油管道的具体分析，建立了有限区域内停输时热油管道土壤数学模型，确定了边界条件。该模型忽略了 y 轴（管轴）方向上的温度梯度，将三维问题转化为二维无内热源的非稳态传热问题，利用 PHOENICS 软件对该数学模型进行了模拟和求解。杨显志考虑海底输油管道的实际运行工况，建立了海底输油管道传热物理模型，首次利用海底输油管道传热实验装置，对影响海底输油管道传热的主要因素进行模拟实验，得出不同运行工况下海底输油管道的水平热力影响区域及安全停输时间。同时通过模拟实验测得 $\phi426$ 管道的最大水平热影响区域约为 7.5m。

林名桢博士根据管道正常运行的稳态温度场、停输降温过程中不稳定温度场数学模型和再启动过程中的数学模型，利用有限元法、冲击波理论和双特征线法编制了含蜡原油长输管道停输再启动过程中数值模拟计算程序。在求解过程中，提出了不同埋深处用不同热影响半径的思想，不仅简化了运算程序，而且使计算结果更接近实际。

李伟博士针对高含蜡原油频繁停输再启动过程和防腐层大修过程两种典型的不稳定运行工况，在数值模拟与现场测试的基础上进行了研究。首次对热油管道频繁停输再启动过程中的水力热力特性和再启动安全性变化进行模拟，并根据二次停输时所需再启动压力的变化，确定了再启动后管道温度场的恢复时间；提出了防腐层大修期间最大开挖长度和不同开挖长度下最大允许停输时间的确定方法。

2009 年，齐晗兵博士对海底输油管道停启传热问题进行了理论和实验研究，系统分析了海底输油管道稳态运行及停输传热问题，解决了不同工况条件下海底输油管道最低允许输油温度及允许停输时间的确定问题。

2010 年，Xu Cheng 等建立了原油管道停输后温降模型，针对原油管道外部土壤区域以及管内结蜡层、管壁以及防腐层，分别采用非结构化网格和极坐标网格划分求解区域，并采用有限容积法求解。M. Slodicka 等测定随时间变化的传热系数，对一维非线性第三类边界条件的瞬态热传导问题进行了研究。

同年，Liu Enbin 等建立了热油管道停输再启动的数学模型，结合特征线和有限差分法，采用 Matlab 和 VB 编制计算程序进行求解，获得了最大安全停输时间以及再启动过程中的最大压力。刘晓燕等对热油管道停输时内部原油的温度场进行了研究，用显热容法建立了新的数学模型，结果表明，考虑析蜡潜热可以更合理地描述出热油管道停输内部原油温度场。

许丹等结合有限差分法和有限容积法建立了停输模型，充分考虑了黏度、密度、比热容、导热系数及析蜡潜热与温度的变化关系。杜明俊等运用 FLUENT 软件，采用"焓-多孔度"技术模拟水下管道停输过程管内原油温降规律，并考虑了原油凝固潜热对温降的影响，得出了不同时刻管内原油凝固区、混合区、液油区的位置。朱红钧等运用 FLUENT 软件对水下停输管道进行了数值模拟，考虑了密度、比热容、导热系数、黏度系数与温度之间的关系，得到了管内油品的温降过程,为实际工程设计提供一定的参考依据。

2012年,高艳波等针对海底管线悬空段的热力特性,考虑原油凝固潜热对停输温降的影响,利用CFD软件对其停输温降过程进行数值模拟,分析温降变化规律以及不同海水温度对温降的影响,从而确定最佳停输时间,为海底热油管道制定再启动方案提供理论依据。张帆以辽河油田某输送高凝油的管道为例,建立了原油正常运行和停输再启动过程的数学模型,结合原油流变特性,利用FLUENT软件对各过程中的原油温度和土壤温度场进行求解。

2013年,李涛分析了架空热油管道的物理模型,在考虑析蜡潜热影响的基础上研究了架空管道的停输传热问题。采用分区法数学模型,在固相区和液相区分别建立了能量守恒方程,并利用FLUENT软件进行模拟。根据计算结果,定量分析了环境因素、管道直径及保温状况、停输初始条件、原油物性等相关参数对停输管内原油温度场的影响及各因素的敏感性。结果表明,黏度变化对温度场影响较小,可以忽略。

1.2.3 管道修复期间非稳态传热研究

在热油管道运行过程中,需要对管道防腐层、保温防水层等进行修复。管道修复工艺可分为不动火施工修复、不停输动火施工修复以及停输动火施工修复。

(1) 不动火施工修复

管道防腐层老化需要修复时,不需要对管道进行停输动火维修,只需对腐蚀严重的管段进行开挖维修。开挖的管段暴露在管沟中,与环境直接接触,其热力、水力边界条件与不开挖时相比发生了明显改变。开挖段以后的管道也受开挖段的影响。

(2) 不停输动火施工修复

有些干线输油管道在投产运行时,埋设了两条管线,一条为正常运行时使用的管道,一条为备用管道。当管道某处需要切换管段或出现腐蚀泄漏需要动火维修时,可利用备用管道实现管道不停输下的动火施工修复。此时首先需要在切换的管段的两端开孔接旁通管与备用管道相连,使管道不停输运行,然后在需要修复的管段两端实施封堵,放空封堵后管段中的油品并进行清管,当封堵安全可靠后可以动火施工维修。

(3) 停输动火施工修复

油品储运系统中对管道进行检修施焊是经常遇到的问题。原油管道输送过程中,由于要在工艺管网上进行管道的渗漏抢修、维修、更换阀门或管道以及拆除旧设备等，经常使用电焊、气割等施工手段，即为在带油管道上施工动火。

管道某个部位需要动火施工焊接时，需先放空动火施焊的管道，将一切与本段管道连接的管道、油罐、油泵等拆开，用盲板密封隔离，然后将该管道冲洗吹风，直至管内无油渍、无可燃气体，再动火焊接。在动火维修过程中，需要对管道进行停输。

热油管道开挖及停输等修复过程，破坏了原有的稳态运行环境，管内原油与环境换热量增大。随着停输时间的延长，管内油温逐渐降低，含蜡原油中的蜡晶将析出。随着蜡晶数量的增多，蜡晶相互交联形成网状结构，使原油结构强度增大。当原油结构强度超过泵所能提供的启动压力或管道所能承受的压力时，就可能发生凝管事故，造成巨大的经济损失。由此可见，原油管道发生凝管事故的直接原因在水力方面，但根本原因却是管道停输后原油产生了过大的温降。因此，为了保证热油管道修复过程安全经济，有必要对修复过程中热油管道的非稳态热力过程进行研究。国内研究者在这方面进行了一系列研究。

2001年，刘扬等以提高输油管道在线修复开挖效率为目的，进行了有限元法与遗传算法相结合的开挖长度优化方法研究。在充分考虑管线的实际约束形式、修复开挖段的长度、沿管线分布的土壤特性等相关因素的基础上，建立了管道在线修复开挖时的力学模型，以最大修复开挖长度为目标函数，强度、稳定性、开挖长度等为约束条件，建立了管道在线修复开挖长度优化数学模型，并采用遗传算法进行了求解。

2006年，黄金萍等分析了埋地管道防腐层大修对管道运行的热力影响，针对东北管网防腐层大修导致土壤温度场发生改变，进而影响管道安全运行的问题，对埋地管道的土壤热力条件进行了分析，给出了铁秦线两座泵站的热力对比实例，为消除管道防腐层大修期间因土壤热力条件恶化对管道运行造成的不利影响，制定了改善管道热力环境的措施，提出了管道防腐层大修工作的建议。

同年，陈保东等提出采用分段法计算埋地热输含蜡原油管道在线修复时站间的温降。在求解埋地管段单元段上的传热系数时，采用弦截法确定管内壁温度；在求解挖开管段单元段上的传热系数时，采用二分法与弦截法相结合的方法确定管外壁温度和管内壁温度。罗晓雷等同样采用分段法研究了埋地热输原油管道在线修复时站间的温降变化。

2007年，石成在研究长输管道开挖修复工艺的基础上，建立了长输管道开挖修复运行工况的非稳态热力及水力模型，给出了长输管道不停输开挖修复期间，受热力学条件约束影响的最大开挖长度的计算求解方法，得出了大气温度突变一般不会对长输管道造成危害的结论，为在役管道不停输开挖修复管理提供了理论依据。

李伟博士采用数值程序对防腐层大修期间有开挖段站间的热力工况变化进行模拟，探讨了开挖管段回填后土壤温度场恢复时间和开挖回填期间管道停输再启动安全性变化，提出防腐层大修期间最大允许开挖长度和不同开挖长度条件下最大允许停输时间的确定方法，为东北管网防腐层大修期间施工方案和管道运行方案的制定提供了理论依据。随后又基于对防腐层大修期间施工进度与输油工况的合理简化，建立有开挖段站间热油管道正常运行的数学模型，并采用有限容积法对该模型进行数值离散，模拟防腐层大修期间不同环境条件、不同运行参数和开挖回填不同阶段管道沿线原油和土壤温度变化，确定大修期间开挖站间的最大允许开挖长度。

2008年，田娜等根据输油管道防腐层大修开挖后稳定运行时的运行数据，采用分段法计算埋地输油管道在线修复时管道的运行参数，确定了输油管道不停输大修对站间运行参数的影响。

2010年，康凯博士考虑蜡结晶潜热的影响，利用液相中的当量导热系数，建立了热油管道大修期间非稳态热力模型，并利用焓值法确立开挖段停输非稳态热力模型；建立了停输及运行两种工况下热力允许最大一次性开挖长度的计算模型，以热力为约束条件，针对林源站至太阳升站的长输热油管道，进行了修复模拟计算，分析了维修季节、开挖长度及出站温度等对维修允许时间的影响，为管道的开挖维修提供理论基础。

宇波等基于埋地热油管道在开挖大修期间热力损失较大以及期间可能出现的停输再启动困难等问题，建立了埋地热油管道在开挖大修期间的停输再启动模型，并采用有限容积法对该模型进行数值离散与求解，模拟管道大修期间停输再启动过程中热力参数的变化。参照东北管网铁秦线站间管道防腐层大修期间的工况建立了算例，模拟结果反映了开挖回填阶段停输再启动过程中沿线温度和进站流量的变化规律，为埋地热油管道在大修期间停输再启动的安全实施提供技术支持。

1.2.4 冷热油交替输送过程的非稳态传热研究

冷热油交替输送是一个复杂的非稳态热力、水力耦合过程，对冷热油交替输送管道，冷、热油的温度变化趋势正好相反。当冷油进入热管道后，即前行原油为热油、后行原油为冷油时，随着冷油在管内的推进，后行冷油将不断从前行热油所形成的温度场中吸收热量。这样，在开始阶段后行冷油的温度会有所升高，但随着输送的继续，前行热油形成的温度场对后续冷油的加热作用越来越小，与冷油头相比，后续冷油的进站温度会逐渐降低。因此，在进站处，冷油油尾温度最低。当热油进入冷管道后，即前行原油为冷油、后行原油为热油时，随着热油在管内的推进，后行热油将不断向前行冷油所形成温度场中散失大量热量，故热油的温度会大幅下降，但随着输送的继续，土壤蓄热量提高，热油的散热量会逐渐减少。相比后续油流，热油油头的温度降幅最大。通常情况下，高凝油因其凝点较高是需要加热的热油，因此，各循环中应把高凝油油头的进站温度作为重点监控对象。

如果对低凝油油尾提前加热，使土壤温度场"预热"，这样就有助于提高高凝油油头的进站温度，从而达到降低热油出站温度的目的。但是对低凝油油尾提前多长时间加热较为合适，这就涉及加热时机的确定问题。加热时机定义为一个输送批次内对低凝油油尾加热输送的时间占本批次低凝油总输送时间的百分比。

在热油管道现行的安全运行规范中，采用控制进站温度的方式，规定原油的进站温度不应低于其凝点3℃以上。遵循这一原则，在冷热油交替输送过程中重点考察的也应是油流的进站温度。与输送单种原油的热油管道不同，由于在冷热油交替输送过程中原油出站温度周期性变化，管道沿线的油流温度、土壤温度始终处于交变状态；同时受初始条件和外界气温变化等因素的影响，原油进站温度呈近似的周期性变化。因此，判断一个加热方案是否可行的依据应为原油的最低进站温度是否高于其凝点3℃以上。

成品油的顺序输送技术已较为完善，世界上有几条大型管道（加拿大的省际管道、贯山管道等）甚至实现了原油与成品油的顺序输送。我国也先后在格拉、兰成渝等多条成品油管道上实现了成品油顺序输送。美国加州的太平洋管道系统（Pacific Pipeline System，陆上管道）有冷热油交替顺序输送的记载。该管道长为209km，管径为508mm，输量为20668m^3/d，1999年建成投入使用，顺序输送不同温度的多种原油，其中SJVH重质原油在32℃时的运动黏度为0.2m^2/s，而LITE轻质原油在21.1℃时的运动黏度只有0.000035m^2/s，管道的运行温度范围从环境温度（18.8℃）到82.2℃。

近年来，我国进口原油数量逐渐增大。由于进口原油一般流动性较好（如俄罗斯原油凝点在-10℃以下），可实现常温输送，而国产原油多为高黏易凝油，需加热输送，进口原油与国产原油的顺序输送实际上是一个冷热油交替输送的过程，在这个过程中，水力、热力参数的分析是冷热原油输送技术的关键之一。

2004年，崔秀国、张劲军建立了描述冷热油交替输送过程中非稳态水力、热力问题的数学模型，开发了计算软件，并对铁秦管道交替输送俄罗斯原油与大庆原油过程中的热力状况进行了模拟计算。结果表明：在冷热油交替输送过程中，当循环达到一定次数后，进站油温将呈现周期性的变化。当冷油（进口原油）前行、热油（国产原油）后行时，热油油头的温降幅度最大。

丁芝来、梁静华对崔秀国模型的边界条件和相关公式进行修正，得到了与原文献不同的计算结果，并在东营—滨州管道投产各项测试数据分析的基础上，给予进一步论证。

张青松等对埋地热油管道非稳态传热模型进行模拟计算后指出，PHOENICS软件可用于求解包括冷热油交替输送在内的埋地热油非稳态传热的诸多场合。王树立等根据周期性变化的环境温度和土壤半无限大平面假设，建立了土壤导热数学模型，并采用PHOENICS 3.6软件求解，得出了不同温度波对土壤导热区域的影响。刘强等对冷热油顺序输送工艺中冷热油交替、管道停启、压力波动对管道产生的交变应力进行了分析。针对原油顺序输送埋地直管道的嵌固段，采用名义应力法和累计损伤理论进行管道疲劳寿命分析，得出埋地直管道交变热应力对管道寿命的影响较小，停启对管道寿命影响较大。

2008年，王凯等建立了冷热油交替输送管道的水力、热力计算模型，用有限容积法和热力特征线法对非稳态热力、水力耦合问题进行求解，并用国内某原油管道现场实测数据对程序进行了检验。结果表明：在取得最佳加热方式时，对低凝油油尾部分加热所消耗的燃料油比对低凝油整体加热的要少；加热能耗随加热时机的延长先下降后上升，最佳加热时机约为10%。在分析原油差温顺序输送管道的停输再启动问题时指出，由于停输温降必然受到停输初始时刻管道温度场尤其是土壤蓄热量的影响，即使在同一工况下，停输时机不同也可能导致管道的安全停输时间不同，照搬现行普通热油管道安全运行规范，规定原油差温顺序输送管道最低进站油温高于相应凝点3℃以上的做法有待商榷。

施雯、吴明针对同一管道输送流变特性差异很大的多种原油问题，充分考虑了地面温度的变化以及管径等参数的影响，建立了冷热原油顺序输送非稳态温度场及土壤温度场模型，使用了混合网格和有限差分法进行模型求解。模拟结果与新大线交替输送结果对比，计算值与实测值误差小于2%。

2009年，宇波建立了冷热原油交替输送停输再启动过程的数学模型，采用有限差分法和有限容积法相结合的研究方法对其复杂的停输再启动过程进行数值模拟，所编制的软件能模拟管道再启动站间的温度、压力和流量的恢复过程。通过与新大输油管道冷热原油交替输送的试验数据对比可知，研究成果可为冷热原油交替输送管道安全停输时间的确定提供技术支持。

同年，周建等通过冷热油交替输送软件计算，考察了输送距离、年输送批次、相对输量、管道输量和出站温度等热力影响因素对原油流动安全的影响，总结了长输管道冷热油交替输送的典型热力特征。结果表明：输送距离和年输送批次是导致冷热油"温差自调和现象"的两个因素，在一定范围内，提高冷油出站温度比提高热油出站温度对改善原油的流动安全性更有效。

王琪等运用有限元法对冷热原油交替输送过程中埋地管道周围土壤温度场和管内油品温度进行了数值计算，得出了不同时刻埋地管道周围土壤温度的分布和管内油品沿程温度变化情况。计算结果表明，输油温度、输油时间、土壤的蓄热等对管内油品温度变化有很大影响，制定节能的冷热原油交替输送工艺要充分考虑其影响。

刘晓娜等针对冷热油顺序输送过程中的温度分布情况，提出了稳定的热油温度场对后续冷油温度的影响这一问题，通过分析顺序输送管道的几何特征，建立了有限区域内管道的数学模型，用计算流体力学软件PHOENICS对模型进行了求解。结果表明：冷油在被热油加热到一定温度后又逐渐降温，当温度降到一定值时，为了防止凝管等事故，就要转为输送热油，为今后研究冷热油顺序输送的循环周期等问题奠定了基础。

龚智力等采用有限单元法，对同一管路在不同进口油温和交替输送情况下轴向温降随时间的变化情况进行了数值模拟，并以此为依据，对比分析了入口温度对沿线的温度影响情况。结果表明，由于冷热界面之间以及热油介质与土壤之间的热传导作用，稳定输送热油介质时形成的土壤温度场对后续冷油的加热作用明显，表明顺序输送冷热油不仅可以保障管道安全运行，而且可以节约大量能源。

2010年，吴玉国博士考虑了包括土壤导热系数、季节变化等因素及输油的不同阶段对温度场的影响，建立了冷热原油顺序输送管道温度场计算的数学模型，并结合有限单元法和差分方法对数学模型进行了求解，确定了冷热原油顺序输送管道温度场的变化规律，为冷热原油顺序输送管道的运行方案制定和停输再启动研究提供了理论依据。

2011年，周诗崟等假设前后输送的两种油品界面为一平面，两种油品之间无质量交换，从而建立管道停输和再启动数学模型。以庆铁老线林源站—垂杨站段顺序输送大庆油与俄油为例，分别模拟计算大庆油推俄油等四种工艺情况下的管道安全停输时间。结果表明：大庆油推俄油的停输时间主要取决于大庆油头的温度，俄油推大庆油的停输时间主要取决于管道进口处大庆油头的温度。

同年，邱姝娟等报道了西部管道在鄯兰段的冷热油交替顺序输送。同时介绍了冷热交替顺序输送的物理数学模型，应用编制的计算软件进行计算，并将各站的最低油温计算值与实验值进行对比，验证了水力热力计算软件的准确性、可靠性。

2013年，王凯等提出了移位网格下的虚拟边界条件法，编制了较为严格的非稳态水力-热力耦合计算程序，可用于管道设计与运行阶段出站温度、流量和压力随时调整，以及地温、原油物性和土壤物性发生变化的条件下，任意油品种类数与油品排列次序，任意批次数与批次量的工艺计算。

同年，邢晓凯等建立了描述冷热油交替输送过程中非稳态水力、热力问题的数学模型，开发了计算软件，并对西部原油管道交替输送4种原油进行了模拟计算。结果表明：考虑不同管道运行历史得到的管道沿线油品温度最大偏差一般出现在进站位置，即管道加热站间距离越长，建立同样精度的温度场需要的管道运行历史越长。

杨云鹏等针对冷热原油顺序输送过程中埋地管道周围土壤温度场变化特征，建立了土壤温度场非稳态传热模型，利用CFD软件，对铁大线某站间冷热原油顺序输送过程中不同循环周期、不同时刻的土壤温度场进行了数值模拟及分析。结果表明：土壤温度场绝热面的漂移具有一定的规律，绝热面随冷热原油顺序输送时间呈周期性漂移，漂移周期与冷热油顺序输送的循环周期相同；土壤温度场绝热面的漂移周期及距离与冷热油顺序输送的循环周期有关。

李传宪、施静建立冷热原油顺序输送过程的数学模型，采用有限差分法求解热力特征方程，从而求得管内非稳态的油流温度；用有限元法与有限差分法求解导热方程，从而求得管外非稳态温度场。结果表明：对周期性的冷热油顺序输送，其热力表现也呈周期性；一个输送周期中，两种油品相互取代过程的热力表现相反；交替输送冷热原油时，热油头首次到达下站进站口时的温度是该输送方式的安全临界温度，须保证其高于热油的凝点。

1.2.5　同沟敷设传热问题研究

油气管道的并行敷设是指将两条或多条输油气管道等距离地敷设在间距不大，而又平行走向的管沟中。而"同沟敷设"是并行敷设中的一种特殊情况，就是将两条或者是多条输油气管道敷设在同一管道敷设的沟中。对比于单管敷设，同沟敷设不但减少了管道敷设地区的征地面积，在一定程度上降低了工程建设的使用费用，而且对生态环境的保护起到一定的帮助作用，再者是对工程投产后的运行及管理有帮助作用。

目前国内外较为著名的并行敷设工程案例有中亚天然气管道、西部原油成品油管道和大连新港—大连石化原油输送管道、中卫—贵阳联络线输气管道、兰成原油管道。

中亚天然气管道起于阿姆河右岸的土库曼斯坦和乌兹别克斯坦边境，经乌兹别克斯坦中部和哈萨克斯坦南部，由阿拉山口进入中国，终至霍尔果斯。管道全线采用A、B双管并行敷设，在乌兹别克斯坦境内，管道敷设地段主要为非农业用地或不适宜农业耕种的土地，双管并行敷设间距设计为16m；在哈萨克斯坦境内，管道敷设地段主要为农业用地，双管并行敷设间距设计为30m。

西部原油成品油管道是目前国内设计输量最大、距离最长、压力最高、工艺程度和自动化水平最高的输油管道。工程包括一条$\phi 813$原油管道和一条$\phi 559$成品油管道，有近千米管段采用同沟敷设技术施工，设计输量分别为$2000 \times 10^4 t/a$和$1000 \times 10^4 t/a$，全长1858km，途经新疆、甘肃两省区28个县市，穿越铁路42次，穿越大中型河流10次。两条管道同沟敷设，净间距1.2m，减少一次性临时用地$7.2 \times 10^6 m^2$，土石方开挖量$350 \times 10^4 m^3$，节约投资约43658×10^4元；而且通过合并建站，减少永久征地$0.21 \times 10^6 m^2$，节约投资约640×10^4元，同时减少外电路敷设约480km，减少了相应的出线间隔。

大连新港－大连石化原油输送管道工程（新大管道）全长41.2km，起点为大连新港港务公司油库，终点为大连石化公司，为了提高该管道线路的年输量，实现进口原油多元化，新大管道于2004年提出修建复线管道，并采用新线和旧线同沟敷设技术，管间距取1.0m。

中卫—贵阳联络线输气管道工程起于宁夏中卫，经甘肃、陕西、四川、重庆，止于贵州贵阳，干线全长1598km，管线输气能力达到$150 \times 10^8 m^3/a$。中卫—贵阳输气管道是中国石油设计建设的又一骨干管道，与西气东输二线兰成原油管道、兰成渝成品油管道、中缅原油管道并行敷设。

兰成原油管道起于兰州，途经广元、绵阳、德阳，终于成都，全长882km，设计年输量$1000 \times 10^4 t$。该管道是罕见的大落差高压输油管道，所经之处地质地貌复杂，包括黄土湿陷地区地质灾害频发的秦巴山区以及人口稠密和水网纵横的四川地区。此外，该管道与多条在役和在建高压油气管道并行，其中，与兰成渝管道并行129km，与兰郑长管道并行14km。

2007年，宇波等采用非结构化有限容积法，率先对西部原油成品油管道的同沟敷设工程建立了双管同沟敷设的数学模型，并且对双管内复杂的流动和传热问题进行了数值模拟计算，编制了相应的数值模拟软件。该研究得到同沟敷设的成品油管道对热原油管道的热力影响规律是：出站口原油管道邻近成品油管道一侧地表的散热量明显降低；原油管道远离成品油管道一侧的土壤温度场基本不受成品油管道的影响；成品油管道的敷设改变了原油管道的散热情况，使其从单纯地向环境散热变为部分地向环境散热，部分地向成品油管道散热；当西部原油成品油管道同沟敷设管的间距平均为1.2m时，原油管道受成品油管道的热力影响比较小。

2008年，张争伟等模拟计算了西部原油管道同沟敷设时各站的进站油温，与单管敷设时的情况进行对比研究，分析了成品油管道对冷热顺序输送的原油管道的热力影响规律。结果表明：当西部管道稳定运行时，成品油管道对原油管道顺序输送的热力影响比较小。但是，如果当管道进行计划检修或者事故抢修需要全线停输时，成品油管道对原油管道的热力影响的情况又如何，有待进一步研究。

2008~2009年，凌霄等先后研究了管道埋深、出站油温、土壤物性、管道输量和地温发生变化，以及不同管间距下，原油管道受成品油管道的热力影响，并与对应条件下单管敷设的原油管道和成品油管道的热力情况进行了对比。结果表明：对于原油成品油管道同沟敷设，当管间距大于1.2m时，各种因素对原油温度影响并不大；而当管间距小于1.2m时，原油温度相对于单管敷设的情况有明显的降低。对新大管道同沟敷设的老线和新线进行了热力分析计算表明：新大管道老线和新线同沟敷设管间距为1m时，与单管敷设相比，热油温度下降幅度在1℃以内，在工程中对加热炉和泵的选型影响不大。

石悦研究了成品油管道与原油管道间的传热规律。经过大量算例分析，获得了在不同管径组合的条件下，原油沿线温差平均值的最大值和最小值，并且引入"节省能耗比"的概念，对比分析了同沟敷设管道与单管敷设管道的能耗。研究结果表明：管间距减小或者站间管长增加，管道并行敷设时的节省能耗比单管敷设时会增多；管道并行敷设时，管径大的组合对于原油温度的影响比较大；管径组合或其他的参数变化对模拟工况下"节省能耗比"的影响很小。

万书斌等采用西部管道新疆北部某段的埋地管道和90#汽油同沟敷设管道作为研究对象，采用数值模拟研究冷成品油管对恒稳态热油管热量的传递问题，通过导热方程计算不同条件下的成品油管和原油管土壤温度场的变化情况。

2010年，吴峰等采用有限体积法对成品油管道和原油管道同沟敷设非稳态传热规律进行了数值模拟，对比分析了有无同沟敷设两种情况对埋地管道传热规律的影响以及地表温度波动参数对同沟敷设管道热流密度和土壤温度的影响。研究表明：管道同沟敷设技术能够改善管道周边的土壤温度分布，有效降低原油管道对外界的整体散热量；地表温度波动振幅和波动周期的增大会加剧管壁热流密度的振荡幅值，不利于埋地管道输送的稳定性，应针对其加强保温措施。

叶栋文等采用有限差分法建立原油与成品油管道同沟敷设正常运行时的非稳

态传热模型，并利用有限容积法对管道沿线不同截面处并行管道周围土壤温度场进行数值计算。以西部管道鄯善—四堡段为例，地表环境温度采用周期性边界条件，得到了不同季节、沿线不同位置土壤温度场的变化规律。

2011 年，Zhu H. 等基于 Gambit 2.3 划分网格，运用 Fluent 软件对同沟敷设的两条原油管道中原油及管外部土壤温度场分布进行了研究，重点考察了管道间距、加热站出口油温、原油管径以及大气温度对温度分布的影响。

田娜等借助 Gambit 软件划分非结构化网格，采用有限容积法和 Fluent 软件对同沟敷设埋地管道周围土壤温度场进行三维模拟计算，研究了并行管道周围土壤温度场在准周期内的变化规律，以及冻土区发生冻结对同沟敷设原油和成品油管道周围土壤温度场的影响。研究发现：由于土壤中水分释放大量的相变潜热，考虑相变情况下的土壤温度高于不考虑相变情况下土壤的温度，考虑相变情况下的管道散热损失小于不考虑相变情况下的管道散热损失；而在冻结后期，随着土壤导热系数的增加，考虑相变情况下的土壤温度低于不考虑相变情况下土壤的温度，考虑相变情况下的管道散热损失大于不考虑相变情况下的管道散热损失。

梁月等运用有限体积法进行了冻土区西部管道原油成品油同沟敷设管道水热耦合数值模拟。该研究取玉门出站口作为研究对象，地表温度变化采用周期性边界条件，考虑土壤发生冰水相变时释放的相变潜热。模拟结果表明：管壁热流密度随环境温度周期性变化，土壤中的水分向冻结前锋进行迁移，无保温层的管道比有保温层的冻土融化范围大、融化深度深。

2012 年，赵兴民运用 Ansys 软件对双管同沟敷设的不同参数的情况下进行了稳态和非稳态的数值模拟，研究了不同参数对原油管道安全保温运行的影响，得到与前人相似的结论，即管道间距大于 1.2m 之后，成品油管道对于原油管道的热影响可忽略，1.2m 为最小间距。同年，田娜等应用保角变换方法，推导了同沟敷设管道稳态土壤温度场的解析计算公式。以国内某同沟敷设管道为例，分别采用解析公式和数值模拟方法计算稳态土壤温度场。

吴琦等引入导热形状因子得到同沟敷设管道的管段总传热系数，建立了同沟敷设热油管道停输温降的计算模型。管内油流采用非结构四边形单元划分，土壤区域采用非结构三角形划分，采用 PISO 算法对停输瞬态问题进行模拟。经与西部管道原油、成品油同沟敷设热油管道的实测数据对比分析，找出了潜在的停输危险截面，为我国西北地区同沟敷设管道的设计与运营管理提供了参考。

2013 年，张志宏等探讨了并行管道传热数值模拟过程中合理的传热计算边界条件，结果表明：对于埋地并行管道温度场，当计算区域足够大时，左右边界采用第一类边界条件和第二类边界条件的计算结果相同；采用第一类边界条件的计算结果偏大，而采用第二边界条件的计算结果偏小，在深度方向计算区域小于10倍管径的情况下，差别较明显；计算区域横向尺寸不应小于管道直径的20倍，而深度（纵向）方向的尺寸不应小于管径的10倍。

对于管间热力影响，上述研究多采用数值模拟对管道及周围土壤温度场进行计算，对所建模型进行大量简化，模拟计算结果与实际有一定偏差，并且主要是研究原油管道和成品油管道同沟敷设，对输气管道和输油管道同沟敷设的研究则很少。王乾坤等采用有限容积和有限差分相结合的数值模拟方法，对工程实际中可能存在的3种典型油气管道并行敷设方式（热油管道与输气管道低温段、冷输油管道或热油管道低温段与输气管道高温段以及热油管道与输气管道高温段并行敷设）的热力影响规律进行了研究。又以热油管道与输气管道和热油管道与冷油管道并行敷设为例，对比分析不同工况的热力分布情况可知：两种敷设方式下，热油管道最大温差变化相差不大。但受输送介质物性和管径差异影响，冷油管道对热油管道温降的影响，在管距较小时，较输气管道对热油管道温降的影响要大，而在管距较大时要小。

1.3　预热投产的非稳态热力过程模拟研究

埋地热油管道的预热投产过程实质上是土壤和管道不断吸热、蓄热量逐渐增加，预热介质－管道－土壤从存在巨大温差到逐步热平衡、形成和谐统一的温度场的三维非稳态传热过程。开始预热后，随着预热介质输送，其温度不断下降，管壁及外部土壤温度逐步升高。预热介质与外部环境同时发生变化。在此过程中，预热介质的温度、流速、预热时间、环境温度等都会对预热效果产生影响。在热油管道启输过程中，掌握管道周围土壤温度场和介质温度随时间的变化，对于合理确定投油时间，在保证热力效果的情况下降低热水消耗等有重要的实际意义。

管道预热完毕后转入投油生产阶段，两个阶段紧密联系。由于输送介质、温度、流量等发生变化，管道及周围土壤再次进入非稳态传热过程，直至油品与周围环境形成新的热平衡。至此投产阶段结束，热油管道进入正常生产状态。

埋地热油管道预热投产可分为管道预热和置换启输两阶段。相关模拟研究可分为仅研究热水预热和将两阶段综合考虑两类。

投产过程中重点要解决的是非稳态流动与传热问题。针对这一问题，可采用解析法或数值方法进行研究。采用解析法求解时，预热过程中热水流量一般保持不变，流动为准稳态，且起点温度恒定。这种情况下，管内介质与管壁换热满足下式：

$$\frac{\partial T}{\partial \tau} + v \frac{\partial T}{\partial z} = \frac{-2q}{\rho c R} \tag{1-1}$$

更普遍地，选取管道 dz 长度，考虑管内介质与管壁的对流换热，得到预热介质的能量方程如下：

$$\frac{\partial T}{\partial \tau} + v \frac{\partial T}{\partial z} = -\frac{2h}{\rho c R}(T - T_1) \tag{1-2}$$

式中　h——介质与管内壁换热系数，$W/(m^2 \cdot ℃)$；

　　　T——介质温度，℃；

　　　T_1——管壁温度，℃。

根据土壤导热微分方程和液流能量方程，按管壁为第一类边界条件、土壤表面为第三类边界条件求解出管道某一截面处、某一时刻管内液体温度的计算式为：

$$T(z, \tau) = T_0 + (T_R - T_0)\exp\left(-\frac{K\pi Dz}{Gc}\right)A(z, F_0 - F'_0) \tag{1-3}$$

$$A(z, F_0 - F'_0) = \text{erfc}\left(\frac{\mu}{\sqrt{F_0 - F'_0}} \frac{z}{L}\right) \tag{1-4}$$

$$\mu = \frac{0.5\pi\sqrt{\pi}\lambda_s L}{Gc} \quad F_0 = \frac{a_s \tau}{R^2}, \ F'_0 = \frac{a_s z}{v R^2}$$

式中　$T(z,\tau)$——预热 τ 小时后，距管道起点 z 处管内介质的温度，℃；

　　　T_R——管道起点液流温度，℃；

　　　K——稳定工况时管道总传热系数，$W/(m^2 \cdot ℃)$；

　　　λ_s——土壤导热系数，$W/(m \cdot ℃)$；

　　　a_s——土壤导温系数，m^2/h；

　　　G——管内介质的质量流速，kg/s；

　　　c——管内介质的比热容，$J/(kg \cdot ℃)$；

　　　v——管内介质流速，m/h。

数值求解方法是目前研究投产问题的主要方法。即建立输送介质和管道散热数学模型，运用有限差分、有限元以及有限容积等数值传热计算方法进行数值求解，获取投产过程中管内流体温度、管外土壤温度场等参数分布情况。自 20 世纪 80 年代以来，埋地管道预热投产方面研究发展如下。

1982 年，黄福其等研究了埋地输油管道热水单向预热过程的传热问题，认为埋地管道启输过程是三维非稳定传热问题，启输过程中管道周围土壤温度场的变化受管内热水温度和启输前地表温度年波幅的影响。将传热微分方程和边值条件线性组合成两个定解问题，用计算机进行数值求解，确定了预热阶段管路任一点、任一时刻下预热介质的温度变化情况。

1989 年，G. S. Patience 研究了可压缩牛顿流体在短距离管道中的启输过程，D. E. Vedeneev 在假设流体物性为常数的前提下，利用有限微分法从动量和能量角度对长输管道启输过程进行了热力分析。

1993 年，李长俊、曾自强分析介质和土壤的不稳定传热，得出了预热介质和土壤温度随时间变化的解析解，将土壤温度场视为自然温度场和由热介质引起的附加温度场两部分。求解时采用保角变换，将半无限大不规则边界传热问题转向研究 $\eta 0 \gamma$ 平面内的矩形域的传热问题。最后通过秦京线验证了计算的准确性，为该线投油时间的确定提供了依据。

1997 年，李宝山博士充分考虑了在大气温度季节性变化条件下土壤自然温度场对预热过程中管道散热的影响。首先，求解出了随四季大气温度周期性变化的土壤自然温度场，同时将埋地热油管道分别看作是半无限大空间的线热源和圆柱热源，应用源汇法推导出了受管道热力状况变化影响的周围土壤温度场的表达式；其次对于投热水或直接投油预热启动过程，根据杜海默尔积分原理求出预热启动问题的解析解。由于所得解析解的表达形式很复杂，并且在非稳态热力过程中，发生在管内外间的热流强度的变化值是不易预知的，因而此方法难以应用于实际。

2002 年，李长俊等将土壤物性参数视为随温度变化的函数，并根据所讨论的问题，采用保角变换将无限大区域变换成有限矩形区域。在此基础上，通过 Keller 盒式积分法，构造出问题的非线性差分格式，然后用广义阻尼牛顿－拉夫逊法求解差分方程组。

2004 年，黄强等对输油管道冷管投产过程中的总传热系数进行了计算，分析了冬季输油管道投产过程中热水预热的热量散失，并现场测试研究了陆梁—石西输油管道投产过程中预热水量及安全的投油时间。

同年，尹志勇等对外输管道不预热投产过程进行了研究，建立了热油管道不预热投产过程的数学模型，模拟计算了海四联外输管道不预热投产过程，给出了管外土壤与管内油品的温度分布、管内压力的变化及流量的恢复过程，并得出海四联外输管道不预热投产的启输方案。崔秀国、张劲军运用恒温层概念，将半无限大土壤区域转变为矩形区域，建立了埋地热油管道稳态土壤温度场二维导热方程，利用有限元法进行求解。通过对比分析认为，对于中洛线管道而言，水平、竖直方向热力影响区均为 10m，这一结果与采用测温传感器得到的结果一致。同时考察了地温、油温、管道外径、埋深以及土壤导热率对热力影响区范围的影响。

2005 年，陈超对新建的悬空和埋地管道启输过程的传热问题进行了研究，建立了相应的数学模型。求解时，采用有限差分方法将数学模型和边界条件离散化。在求解方法的选择上，以显式迭代法为主，辅以隐式直接法验证结果的准确性。同时讨论了影响悬空和埋地管道启输传热的影响因素。

同年，陈国群等在热平衡方程和图古诺夫关于放热系数的半经验公式的基础上，根据国内实际热油管道投产数据，推导出了启输过程中某时刻、某位置介质的温度计算式。崔慧采用最小二乘法原理，反算确定稳态过程总传热系数；对于非稳态过程，采用上述的两层耦合模型以及相应的求解方法，通过与实测数据对比证明，这种方法能够为热油管道非稳态运行提供可靠的理论依据。

臧建兵等建立了预热介质能量平衡方程、土壤热影响区域方程，采用 C 语言进行编程，并用有限差分法进行求解。卢涛等忽略轴向温度变化，建立二维土壤和管道非稳态传热控制方程，运用控制容积法对计算区域进行离散，采用 SIMPLE 算法求解，重点考虑初始条件和边界条件，即土壤的初始温度分布、外界大气温度的周期性变化、预热热水的温度变化以及热水热物理属性变化，对土壤和管道热水预热启动过程温度场建立过程的影响。王岳等结合预热过程中土壤导热微分方程和液流能量方程，得到预热过程中任意时刻和位置处的介质温度表达式，采用有限差分法求解土壤温度分布。

蒋绿林等考虑沿管道轴向预热介质温降对土壤温度变化的影响，建立了有限区域内热油管道预热过程耦合的数学模型，并借助于 PHOENICS 软件对该模型进行了求解。

2008 年，井懿平博士在研究西部管道输送的 4 种油品的物性和流变特性的基础上，系统地研究了该管线空管投产和停输再启动的热力、水力数学模型，给出了求解方法，并采用节点分析法进行了管网稳态分析。该研究解决了西部原油管道投产所面临的一系列技术难题，为该管道空管投运制订科学合理的方案提供了理论依据，指导了管道的投产，使得该条管道一次投产成功，具有重要的实际意义。

孙超、郑平等考虑热油管线周围的圆形热影响区域，对埋地管道及其周围土壤物理模型进行适当简化处理，从而建立数学模型，运用有限差分法对其进行求解。叶伟志、韩秀梅运用有限元法对以油、水混合预热过程中土壤传热进行数值计算，对预热管道管内介质沿程温降进行了分析，得出了油、水混合预热过程中输油管道管内介质温度变化规律。

顾锦彤、马贵阳等采用三节点单元对管道周围土壤进行单元划分,研究了半径为360mm、埋深1.478m、长45km的热油管道输送热水一定时间后开始投油时的土壤温度场分布,并依次确定了合理的投油时间。研究同时发现:输水预热一段时间后输入相同温度、流量的原油,会出现油、水混合预热的温度场在管道外壁附近的温度比热水预热时该处的温度降低的现象,一般温降为5~10℃,随着预热时间的延长,温降逐渐稳定,一般为5~6℃。这是因为水的比热容较大,油的比热容较小,当热水预热20h后投油时,预热介质与管壁和周围土壤的换热量减小,温度随之降低。

2010年,邓静等计算了百重七-92号站埋地热油管道冬季投产所需预热时间。该段24km长的管道拟采用80℃的热水暖管,热水流量为50m³/h。根据同一地区的百—克线稳定运行的数据,依据苏霍夫公式反算出总传热系数,进一步得到土壤导热系数,把其代入,得到百重七-92#站管道的总传热系数,进而得到了不同时间、不同地点温度的变化。

同年,王昆等建立了埋地热油管道预热过程中的预热介质能量平衡方程和土壤影响区域方程,使用有限差分法对数学模型进行离散化求解。但是,其研究中忽略了预热介质沿轴向的变化、不同位置土壤性质的变化以及管道的导热热阻,且将管道埋地处温度视为土壤表面温度。

2011年,王龙等借助长度402m、埋深2.2m、管径分别为$DN300$和$DN150$的埋地环道模拟生产管道的投产预热、停输及再启动。从蓄热量、等温线等角度分析了环道首次投油后土壤温度场的变化过程,同时动态监控了停输及再启动后管道周围1.5m范围内土壤蓄热程度的波动过程。

随后,鹿钦礼等采用有限单元法对埋地热油管道启输过程中管道周围土壤温度场进行了数值计算,得到了沿不同预热时间下管道轴向温度分布,讨论了预热介质速率对预热时间的影响。李少华等忽略油品沿径向温度变化以及钢管壁厚的热阻,采用二维导热偏微分方程对原油管道在土壤中的传热进行描述。以东北某输油管道为例,利用有限体积法对其输送大庆原油的预热工况和土壤蓄热量进行了计算和分析。

2013年,Li Yutian等研究热油管道的预热启输时,采用结构化极性坐标网络划分求解区域,用有限容积法离散导热方程,各参数用网格中心点参数代替,求解过程中采用并行计算方法,大大节省了模型求解时间。

上述研究多研究陆地埋地管道预热过程。针对海底管道,国内外学者进行了如下探索。

吴国忠等对海底埋地输油管道进行了传热分析，建立了海底埋地输油管道三维物理模型，分析了海水本身自然对流换热对管道启输的影响情况，通过处理物理模型将管道启输传热模型简化为一维圆环传热模型，并进行了模拟计算和试验验证。结果证实：当海水底流流速小于 1.5m/s 时，在此区域内海水自然对流换热对海底输油管道传热影响可以忽略不计。齐晗兵对管道冷投、正向及反向预热等启动传热过程进行了数值模拟，对热油管道不同设计参数条件下启动过程中管内原油温度、热流密度及沙土层温度场变化情况进行了分析。

A. Barletta 等考虑了海底管道两种启输方案（流量阶跃式增加及逐步增加），采用有限元法求解二维能量平衡方程，从而获得了海管瞬态运行规律。喻西崇等建立了热油管道启输过程的数学模型，模拟计算了启输过程管外土壤与管内油品的温度分布、管内压力的变化过程。陈志华等采用 Fluent 软件模拟了海底管道预热投产过程管内流体和管壁温度变化。

上述研究仅关注了管道的预热过程，没有将后续的投油过程综合考虑。意识到预热和投油的相互联系，部分研究者着手综合探索热油管道预热投产过程。

黄强等对陆地输油管道冬季预热投产过程中的总传热系数进行了研究。结果表明：管道预热末期和投产初期，总传热系数和出口油温的下降幅度主要取决于预热水和原油热容量的比值。因此，提高热油流量可避免出口油温大幅降低。

路长友采用圆形热力影响区模型，研究了正、反向预热过程中预热介质和土壤温度场分布。叶伟志、韩秀梅、顾锦彤、马贵阳等研究了油、水混合预热过程，运用有限元法求解了油、水混合预热的传热方程，得到了热油管道自预热到投油生产的土壤温度场分布，依此确定了合理的投油时间。齐晗兵在海底输油管道停输再启动的物理、数学模型基础上，对海管冷投以及正反向预热等过程进行了数值模拟研究，对比了海底热油管道不同启输方案下原油温度、散热密度及沙土层温度场的变化。

2013 年，Xing X 等采用环形热影响区建立原油管道的热传导模型，结合有限差分法和有限容积法对预热介质、钢管、防腐层以及土壤区域进行求解。在此基础上对尼日尔国家管道的预热过程进行研究，优化了预热过程的操作工艺。郑利军等建立了海底管道正向预热 – 投油计算模型，模拟研究了该过程中沿线温度的瞬变过程，并对预热时机的选取及影响因素进行探讨。笔者于 2016 年也对渤海某海底管道的预热和置换投产过程进行了数值模拟研究，分析了多种预热投产方案。

通过上述研究，揭示出热油管道预热投产过程中存在如下规律。

（1）预热一段时间后注入相同温度、相同流量的原油时，会出现原油流经处管道外壁附近温度较预热时略微降低的现象，出口油温也较水温有所下降。这是因为油的比热容比水小，投油后管内介质与周围的换热量减小，沿线温度场重构，导致管道出口温度随之降低。因此为避免出口温度明显降低，可取投油输量为预热输水量的1倍，以保证前后热容量相近。

（2）管道出口见油后温度迅速降低，随着沿线逐步建立起与输送油品对应的土壤温度场，出口油温缓慢升高，并最终趋于稳定。对于海底管道，这种现象不会发生。

热油管道在预热投产过程中，管输流体同管道周围土壤之间的热力过程是非稳态传热过程，研究这一过程的土壤温度场，需要考虑多种因素的影响，如土壤的初始温度、气候因素等，尤其在实际情况下，管内介质的温度沿管道轴线方向变化，对管道周围温度场存在一定的影响，不可忽略。

影响包围管道的土壤温度场的因素是多方面的，包括管道油温、油流速度、大气温度、日照辐射时间、风力、蒸腾状态及土壤特性。但对于埋地热油管道来说，主要受管道油温、油流速度、大气温度与土壤特性的影响，然而，土壤的特性取决于土壤的种类、孔隙度、湿度及气象等因素。投产一段时间的输油管道对周围土壤的"烘烤"作用也对土壤的特性产生影响，此外，降雨量、管线长度等也都对土壤特性有影响。为计算方便，土壤的特性大都取该地区的平均值。而外部环境对管输介质温度的影响可以大致源于以下4个方面。

①埋深对介质温度的影响：由于大地温度沿埋深方向逐渐降低，因此埋深值越小处土壤的温度越高，与同条件的介质换热时，介质的最终温度较埋深值较大处要高。

②半径对介质温度的影响：管道的半径越大，则管内介质的温度越高。随着时间的推移，介质达到稳定时的温度也随半径的增大而升高，并且管道半径越大，达到相同的温度所需的时间越短，因此半径较大的管道，在相同条件下，需要的预热时间要短。

③保温层厚度对介质温度的影响：对于同样的保温材料，保温层厚度值越大，保温效果越好，即同一时刻介质流过管道同一位置时的温度值越高，因此在符合设计要求的前提下，保温层越厚，需要的预热时间越短，越有利于管道的预热。

④环境温度对介质温度的影响：外界环境温度越高，同一时刻介质流过管道同一位置时的温度值越高，因此在符合设计要求的前提下，外界环境温度越高，需要的预热时间越短，越有利于管道的预热。不同月份，环境温度不同，有周期性变化，也对预热效果产生影响。

第 2 章　热油管道预热投产数学模型

埋地热油管道的预热和投油生产是个连续过程，预热为管道投油生产建立必要的温度基础，而安全平稳地投油启输是管道预热的最终目的。相应地，埋地热油管道预热投产可分为管道预热和投油启输两个阶段。预热时，通过输送加热的预热介质（通常是水）加热管道和外部土壤。待达到一定预热时长（通常是出口温度稳定一段时间）后，开始输送热油，进入投油启输阶段。为了避免油水混合、减少下游不必要的处理负担，投油时，可采用隔离球隔离原油和预热水。由于输送介质、温度、流量等发生变化，管道再次进入非稳态过程。管道运行参数的波动在出口收球后仍将持续一段时间。随着运行参数逐渐保持稳定，投产阶段结束，进入正常生产状态。由以上实际流程可知，模拟研究埋地热油管道预热投产过程需要对预热和投油两个阶段分别研究。

建立合理的埋地热油管道流动-传热模型是研究预热投产过程的基础。模型建立的正确与否直接影响最终求解结果。埋地管道预热过程中的传热问题受多种因素影响，如介质流速、温度、预热时长、管道结构及保温措施、敷设环境等。建立模型时，需要将以上因素以及预热投产的整体流程全部考虑在内。本章将在分析埋地热油管道热力系统的基础上建立埋地管道预热投产物理模型，并基于适当假设条件构造相关数学模型。

2.1　埋地热油管道热力系统分析

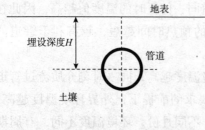

图 2-1　埋地热油管道热力系统图

预热投产过程中，输送介质、管道、土壤、外部环境共同组成了埋地热油管道热力系统，如图 2-1 所示。

上述热力系统内传热过程由以下几部分构成。

（1）介质向管内壁的对流换热。

（2）相邻管壁之间的导热，这部分与管道结构密切相关。热油管道常采用保温管道形式。海底管道由于其特殊的敷设环境，按结构又可分为单层管加配重层、单层保温管加配重层以及双层保温管。双层保温管由内至外分别为钢管、聚氨酯泡沫、空气层、钢套管以及防腐绝缘层，如图 2-2 所示。与单管结构相比，双层保温管结构复杂、造价高，但是保温和安全性能高，有利于易凝高黏原油输送。

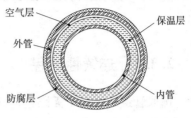

图 2-2　双层保温管结构示意图

（3）最外层管壁向土壤的散热。

（4）土壤中的传热：作为一种多相分散体系，土壤内的传热是导热、对流以及辐射的共同作用结果。

（5）土壤表层与环境的换热：由热传导、对流换热以及热辐射共同组成。根据陆地和海底管道，表层分别与空气或海水接触。

2.2　基本假设

由热力系统分析可知，埋地热油管道的散热情况与流体、管道以及敷设土壤均有关系。因此，投产过程数学模型应包含管道内瞬态流动模型、传热模型以及二者的耦合模型，并辅以恰当的连接条件。改变初始和边界条件即可推广该模型以适用于不同工况。

由于埋地热油管道的热力系统的实际情况较为复杂，本书建模时基于以下几点假设：

（1）预热投产过程中，管内介质为一维流动，流速和温度沿管道截面均匀分布，仅考虑流动参数沿轴向（z 方向）的变化；

（2）管外传热采用热传导模型，由于土壤轴向温度梯度远远小于沿管道径向的温度梯度，因此忽略土壤的轴向传热，将三维传热问题转变为二维问题；

（3）管外半无限大土壤区域化为有界的热力影响区域；

（4）管外土壤视为各向物性均匀的导热介质，忽略海泥间的对流和辐射换热。

2.3 管道瞬态流动方程

2.3.1 连续性方程

选取管道中由两个无限接近截面与所夹的管段围成的空间固定控制体 Ω，截面间距为 dz，如图 2-3 中由 1-1 截面、2-2 截面以及二者之间的管壁所围成的部分。

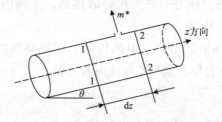

图 2-3 管道内控制体示意图

由质量守恒定律可知：在单位时间内，控制体内流体质量的变化量与流出该控制体所有控制面的质量的代数和为零。从而可以得到连续方程的积分表达式为：

$$\frac{\partial}{\partial t}\iiint_\Omega \rho d\Omega + \oiint_S \rho V_n dS = 0 \qquad (2-1)$$

式中　V_n——控制体表面外法线方向速度投影，m/s；
　　　ρ——流体密度，kg/m^3；
　　　Ω——控制体体积，m^3；
　　　S——固定控制体表面面积，m^2；
　　　n——控制面表面微元 dS 外法线方向单位向量。

式中的两项可分别表示成：

$$\iiint_\Omega \rho d\Omega = \rho A dz \qquad (2-2)$$

$$\oiint_S \rho V_n dS = \frac{\partial}{\partial z}(\rho A V) dz - m^* dz \qquad (2-3)$$

式中　V——流体截面平均流速，m/s；
　　　A——管道截面积，m^2；

m^*——单位时间、由侧管壁单位面积流入（或流出）的质量，$kg/(m^2 \cdot s)$。

将式（2-2）、式（2-3）代入式（2-1）中，得到连续方程的微分表达形式：

$$\frac{\partial(\rho A)}{\partial t} + \frac{\partial(\rho A V)}{\partial z} = m^* \qquad (2-4)$$

式（2-4）为考虑了管道泄漏或流入的连续性方程。对于无泄漏、无流入的管道而言，式（2-4）右端为零。因此可得等截面管流连续性方程为：

$$\frac{\partial \rho}{\partial t} + \frac{\partial(\rho V)}{\partial z} = 0 \qquad (2-5)$$

对于等截面液体管道，连续性方程可以改写成：

$$\frac{dp}{dt} + \rho a^2 \frac{\partial V}{\partial z} = 0 \qquad (2-6)$$

$$a^2 = \frac{k/\rho}{1+(k/A)(\Delta A/\Delta p)} = \frac{k/\rho}{1+C(k/E)(D/\delta)} \qquad (2-7)$$

式中　a——流体压力波传播速度，m/s；

ρ——液体密度，kg/m^3；

k——流体体积弹性系数，Pa；

A——管道截面积，m^2；

p——压力，Pa；

E——管材杨氏弹性模量，Pa，钢管可取 $206.9 \times 10^9 Pa$；

D——管道直径，m；

δ——管道壁厚，m；

C——修正系数，与管道的束缚形式有关。

(1) 管道沿径向和轴向均可以自由变形：$C = 1 - \frac{\mu}{2}$；

(2) 管道两端固定约束：$C = 1 - \mu^2$，长距离管道一般采用此式计算；

(3) 管道安装有效膨胀结：$C = 1$。

其中，μ 是管材的泊松系数，无因次，约等于0.3。

2.3.2　动量方程

将动量守恒定律应用于流场中的控制体 Ω 可得：单位时间内，控制体内流体动量的增量等于控制体内流体所受质量力、作用于控制面上的表面力以及流入控制体内流体动量之和，即：

$$\frac{\partial}{\partial t}\iiint_\Omega \rho V \mathrm{d}\Omega = \iiint_\Omega \rho F \mathrm{d}\Omega + \oiint_S p_n \mathrm{d}S - \oiint_S \rho V V_n \mathrm{d}S \tag{2-8}$$

式中 p_n——外部作用于控制面微元 $\mathrm{d}S$ 上的力，N；

F——外部作用于控制体内单位质量流体上的质量力，通常为重力，N；

V_n——沿控制面每点外法线方向上的流速，m/s。

根据一维流动假设，式（2-8）中各项可表示成如下微分形式：

$$\iiint_\Omega \rho V \mathrm{d}\Omega = \rho V A \mathrm{d}z \tag{2-9}$$

$$\iiint_\Omega \rho F \mathrm{d}\Omega = -\rho g \frac{\mathrm{d}s}{\mathrm{d}z} A \mathrm{d}z \tag{2-10}$$

$$\oiint_S p_n \mathrm{d}S = p_2 A_2 - p_1 A_1 + p\frac{\mathrm{d}A}{\mathrm{d}z}\mathrm{d}z - \pi D \tau_0 \mathrm{d}z = -\left[\frac{\partial(pA)}{\partial z} - p\frac{\mathrm{d}A}{\mathrm{d}z} + \pi D \tau_0\right]\mathrm{d}z \tag{2-11}$$

$$\oiint_S \rho V V_n \mathrm{d}S = \rho_2 V_2^2 A_2 - \rho_1 V_1^2 A_1 + m^* V^* \sin\varphi \mathrm{d}z = \frac{\partial}{\partial z}(\rho V^2 A)\mathrm{d}z + \frac{1}{2}m^* V^* \frac{\mathrm{d}D}{\mathrm{d}z}\mathrm{d}z \tag{2-12}$$

式中 V^*——沿管壁流入（或流出）部分的流速，m/s；

φ——管道外表面与 z 轴间夹角，rad；

D——管道内径，m；

s——管道截面中心相对于固定水平面的高程，m；

τ_0——管壁切应力，Pa。

将式（2-9）～式（2-12）代入式（2-8）中，剪切应力用 $\tau_0 = \frac{\lambda}{8}\rho V|V|$ 表示，从而可得沿线截面变化、侧管壁有质量流入（或流出）情况下的管流动量方程：

$$\frac{\partial}{\partial t}(\rho V A) + \frac{\partial}{\partial z}[(p+\rho V^2)A] = p\frac{\mathrm{d}A}{\mathrm{d}z} - \rho g A\frac{\mathrm{d}s}{\mathrm{d}z} - \frac{m^* V^*}{2}\frac{\mathrm{d}D}{\mathrm{d}z} - \frac{\pi D}{8}\lambda \rho V|V| \tag{2-13}$$

令 $\frac{\mathrm{d}s}{\mathrm{d}z} = \sin\theta$，因此无泄漏、无流入、等截面管流动量方程可表示为：

$$\frac{\partial(\rho V)}{\partial t} + \frac{\partial(p+\rho V^2)}{\partial z} = -\rho g \sin\theta - \frac{\lambda \rho V|V|}{2D} \tag{2-14}$$

或

$$\frac{\partial V}{\partial t} + V\frac{\partial V}{\partial z} + \frac{1}{\rho}\frac{\partial p}{\partial z} = -g\sin\theta - \frac{\lambda V|V|}{2D} \tag{2-15}$$

2.3.3 能量方程

将基本能量守恒定律应用于流场中的固定控制体 Ω 可得：单位时间内，控制体内流体总能量的变化率等于外界传递给控制体内流体的能量、通过控制体表面流入控制体内的能量以及外力对控制体内的流体所做的功之和。即：

$$\frac{\partial}{\partial t}\iiint_\Omega \rho\left(u + \frac{V^2}{2} + gs\right)\mathrm{d}\Omega = Q - \oiint_S \rho\left(u + \frac{V^2}{2}\right)V_n \mathrm{d}S + \iiint_\Omega \rho F V \mathrm{d}\Omega + \oiint_S p_n V \mathrm{d}S \tag{2-16}$$

式中 u——单位流体的内能，J/kg；

Q——单位时间内，外界传递给控制体的能量，J。

取与连续方程、动量方程中相同的控制体，将式（2-16）转化成微分形式。式（2-16）中各项可以表示为以下形式：

$$\iiint_\Omega \rho\left(u + \frac{V^2}{2} + gs\right)\mathrm{d}\Omega = \rho\left(u + \frac{V^2}{2} + gs\right)A\mathrm{d}z \tag{2-17}$$

$$Q = -\pi Dq\mathrm{d}z \tag{2-18}$$

$$\oiint_S \rho\left(u + \frac{V^2}{2}\right)V_n\mathrm{d}S = \frac{\partial}{\partial z}\left[\rho\left(u + \frac{V^2}{2}\right)VA\right]\mathrm{d}z - \left(u^* + \frac{V^{*2}}{2}\right)m^*\mathrm{d}z \tag{2-19}$$

$$\iiint_\Omega \rho F V \mathrm{d}\Omega = -\rho g \frac{\mathrm{d}s}{\mathrm{d}z}VA\mathrm{d}z \tag{2-20}$$

考虑到关系式 $m^* = \pi D^* V^* \rho^*$，式（2-16）右端第四项可写成：

$$\oiint_S p_n V\mathrm{d}S = p_2 V_2 A_2 - p_1 V_1 A_1 + p^* V^* \pi D^* \mathrm{d}z = -\frac{\partial}{\partial z}(pVA) + \frac{p^*}{\rho^*}m^*\mathrm{d}z \tag{2-21}$$

式中 q——单位时间、单位面积，控制体内流体向外界散热量，W/m²；

ρ^*——经管壁流入管内流体密度，kg/m³；

D^*——壁面流道尺寸，m。

将式（2-17）～式（2-21）代入连续方程（2-4）中，从而可得管流能量方程为：

$$\frac{\partial}{\partial t}\left[(\rho A)\left(u + \frac{V^2}{2} + gs\right)\right] + \frac{\partial}{\partial z}\left[(\rho VA)\left(u + \frac{p}{\rho} + \frac{V^2}{2} + gs\right)\right] =$$
$$-\pi Dq + m^*\left(u^* + \frac{p^*}{\rho^*} + \frac{V^{*2}}{2} + gs\right) \tag{2-22}$$

因此无泄漏、无流入、等截面管流能量方程可表示为

$$\frac{\partial}{\partial t}\left[\rho\left(u+\frac{V^2}{2}+gs\right)\right]+\frac{\partial}{\partial z}\left[(\rho V)\left(u+\frac{p}{\rho}+\frac{V^2}{2}+gs\right)\right]=-\frac{4q}{D} \quad (2-23)$$

由热力学中焓值与内能的关系有 $h = u + \dfrac{p}{\rho} = u + pv$,其中 h 为单位质量流体的焓值,J/kg;v 为比体积,$v = 1/\rho$,m³/kg。因此式(2-23)可写成:

$$\frac{\partial}{\partial t}\left[\rho\left(u+\frac{V^2}{2}+gs\right)\right]+\frac{\partial}{\partial z}\left[(\rho V)\left(h+\frac{V^2}{2}+gs\right)\right]=-\frac{4q}{D} \quad (2-24)$$

根据 $\left(\dfrac{\partial h}{\partial T}\right)_p = c_p$,$\left(\dfrac{\partial h}{\partial p}\right)_T = v - T\left(\dfrac{\partial v}{\partial T}\right)_p$

$$\mathrm{d}h = \left(\frac{\partial h}{\partial T}\right)_p \mathrm{d}T + \left(\frac{\partial h}{\partial p}\right)_T \mathrm{d}p = c_p \mathrm{d}T + \left[v - T\left(\frac{\partial v}{\partial T}\right)_p\right]\mathrm{d}p \quad (2-25)$$

因此,能量方程可表征为:

$$\rho C_p \frac{\mathrm{d}T}{\mathrm{d}t} - T\beta \frac{\mathrm{d}P}{\mathrm{d}t} - \frac{\rho \lambda V^3}{2D} + \frac{4q}{D} = 0 \quad (2-26)$$

于是得到了等截面管道瞬态流动数学模型如式(2-27)~式(2-29)所示。

$$\frac{\partial p}{\partial t} + V\frac{\partial p}{\partial z} + \rho a^2 \frac{\partial V}{\partial z} = 0 \quad (2-27)$$

$$\frac{\partial(\rho V)}{\partial t} + \frac{\partial(p+\rho V^2)}{\partial z} = -\rho g \sin\theta - \frac{\lambda \rho V|V|}{2D} \quad (2-28)$$

$$\rho C_p\left(\frac{\partial T}{\partial t} + V\frac{\partial T}{\partial z}\right) - T\beta\left(\frac{\partial p}{\partial t} + V\frac{\partial p}{\partial z}\right) - \frac{\rho \lambda V^3}{2D} + \frac{4q}{D} = 0 \quad (2-29)$$

管道瞬变流动方程式(2-27)~式(2-29)对输送预热水和热油两阶段均适用。下文为区别起见,用下标"w"表示水,"o"表示油。

2.4 管道和土壤的非稳态导热方程

2.4.1 土壤热传导区域的确定

埋地管道的传热是一个复杂的三维传热过程。考虑到与径向相比,土壤轴向温度梯度很小,因此目前求解时均将管道外的三维传热化为二维传热,同时对管道所处的半无限大土壤求解区域进行简化处理。早期的简化模型可归纳为等效圆筒模型和半空间模型。

等效圆筒模型是将包裹管道的无限大土壤视作环状当量保温层求解热传导过

程。这种模型形状规则，便于理解和数值计算，Pipephase、OLGA等软件求解稳态热传导时均采用这种模型。但在求解非稳态传热过程中，由于当量保温层厚度难以精确确定，这种模型因此受到一定限制。

相比于前者，半空间模型是将土壤区域视作半无限大空间，通过数学运算将土壤区域转化为规则形状进行求解，因而更贴近实际情况。李长俊教授运用保角变换方法成功将半无限大土壤求解区域转化为有界的矩形区域，被不少研究者采用。

目前求解埋地管道传热问题时使用较为普遍的是热力影响区模型。所谓热力影响区，是指将管道对周围土壤的影响限定在一定区域内，超过该区域边界后管道的影响可以忽略。该边界大小可按现场测量数据或试算法确定。由此半无限大区域可以转化成有限求解区域，方便求解。这种方法理论依据清晰，又避免了半空间模型的数学推导，被研究者广泛采用。管道热力影响区根据形状可分为环形热力影响区和矩形热力影响区，其中矩形热力影响区的应用频率更高。

埋地管道周围土壤温度受管道和土壤表面环境双重影响。随着土壤深度的增加，这种影响逐渐消弱，直至到达某一深度后土壤温度可视作始终保持恒定，称为恒温层。恒温层概念为确定管道热力影响区的范围提供了理论依据：矩形热力影响区的下边界可取为土壤恒温层，采用第一类边界条件进行求解。同理，管道水平方向上热力影响区也有一个边界，在边界处管道的影响可以忽略，土壤温度仅与环境温度有关，是绝热边界。

不同地区、不同气候条件的土壤恒温层深度不同，须结合具体的条件经测算才能确定。经研究，一般情况下，矩形热影响区竖直和水平方向均不超过10m，而环形热影响区半径既可采用10m计算，也可由稳态运行时的工况反算得到。

刘晓燕等对比了4座城市的土壤恒温层温度和当地年均气温，证明土壤恒温层温度等于年均气温。同时推导出土壤恒温层深度的计算公式，分析了土壤恒温层的影响因素。崔秀国采用矩形影响区，利用有限元法求解了描述埋地管道稳态土壤温度场的二维导热方程，从而确定出中洛线水平和竖直方向热力影响区分别为20m和10m，此结果与传感器所测结果吻合。

根据上述文献调研结果，本书处理土壤求解区域时，可将热油管道所处的半无限大区域转化为有限的矩形热力影响区。水平方向上，取以管道为轴心、两侧各10m范围研究；竖直方向上可取土壤恒温层深度，即10m。如此一来，将埋地管道周围区域转化为一个20m×10m的矩形求解区域。考虑到对称性，仅选取右侧求解区域进行研究。土壤热传导计算区域如图2-4所示。

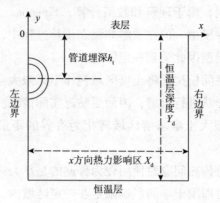

图2-4 土壤热传导计算区域示意图

2.4.2 非稳态导热微分方程

选用热传导方程描述管壁和土壤内的传热过程。选取与管道轴向垂直的截面建立管道-海泥非稳态导热微分方程。将所有截面建立的导热方程求解后即可得到管道沿线温度分布。

2.4.2.1 控制方程

各层管道之间：
$$\rho_i c_i \frac{\partial T_i}{\partial t} = \frac{1}{r}\frac{\partial}{\partial r}\left(\lambda_i r \frac{\partial T_i}{\partial r}\right) + \frac{1}{r^2}\frac{\partial}{\partial \theta}\left(\lambda_i \frac{\partial T_i}{\partial \theta}\right) \quad (2-30)$$

土壤温度场：
$$\rho_s c_s \frac{\partial T_s}{\partial t} = \frac{\partial}{\partial x}\left(\lambda_s \frac{\partial T_s}{\partial x}\right) + \frac{\partial}{\partial y}\left(\lambda_s \frac{\partial T_s}{\partial y}\right) \quad (2-31)$$

2.4.2.2 连接条件

管内流体与内管壁界面：
$$-\lambda_1 \frac{\partial T_1}{\partial r}\bigg|_{r=R_0^+} = \alpha_1(T_w - T_1) \quad (2-32)$$

各层管壁以及外层管壁与土壤界面：
$$-\lambda_i \frac{\partial T_i}{\partial r}\bigg|_{r=R_i^-} = -\lambda_{i+1}\frac{\partial T_{i+1}}{\partial r}\bigg|_{r=R_i^+}, \quad T_i\big|_{r=R_i^-} = T_{i+1}\big|_{r=R_i^+} \quad (2-33)$$

式中 T_i——管道各层结构以及土壤温度，K；

ρ_i——管道各层结构以及土壤密度，kg/m³；

c_i——管道各层结构以及土壤比热容，J/(kg·K)；

λ_i——管道各层结构以及土壤导热系数，W/(m·K)；

r——径向距离，m；

R_i——由内至外第 i 层管壁半径，m；

T_s ——海泥温度,℃;
ρ_s ——海泥密度,kg/m³;
c_s ——海泥比热容,J/(kg·℃);
λ_s ——海泥导热系数,W/(m·℃);
α_1 ——流体向海管内壁放热系数,W/(m²·℃);
T_w ——预热水温度,℃。

2.5 热力耦合方程

选取单位时间内流体向单位表面积内壁散热量 q 作为流体与外部环境的耦合参数:

$$q = \alpha_1(T_w - T_1) \tag{2-34}$$

2.6 油水转换期间参数变化规律及模型

埋地热油管道预热结束即可开始投油启输。投油启输时多以"油顶水"方式实现管内油水介质置换。由于原油与预热水性质、流量、温度等不同,油水交替过程中,沿线参数将重新分布。

2.6.1 总传热系数变化

总传热系数反映埋地热油管道与环境散热速率,其计算结果对埋地管道投产管理有积极作用。油水转换期间,由于管内流体性质不唯一,由预热介质逐渐转变为热油,因此采用长输管道总传热系数公式(苏霍夫温降公式)已不能真实反映管道的传热系数,可通过对比分析投油前后进、出站流体温度和总传热系数分析传热系数的变化规律。图2-5为新疆油田陆石管道投产期间总传热系数变化曲线。

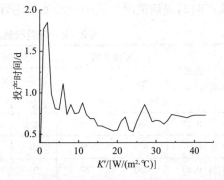

图2-5 陆石管道投产期间总传热系数变化曲线

通过以上数据可以看出，管道预热后由输水转入输油时，总传热系数值有不同程度的下降。这是因为在热水预热和投油过程中，如果水和油的体积流量相同，起点温度也相同，则由于油的热容和密度都比水小，两者的 $Q \cdot c$ 比值约为 1:0.41，因此油的温降要比水大得多。在管路沿线各点，油流经过时的温度都比水流经过时的温度低，引起管路周围土壤温度场的重建，使管路周围土壤中的温度梯度减小，管壁处的土壤温度有所下降，管路的散热量减少，使反算的总传热系数值降低。反映在终点温度上，就产生一个递降的过程。在地温较低的季节投油时，由于管壁结蜡使热阻增大，也会使总传热系数值下降。

在输油初期和预热末期，K' 值和油温的下降幅度与油水流量比、地温、预热时间长短等有关，主要决定于预热时水的热容量 $(Q_{\rho c})_水$ 和投油时油的热容量 $(Q_{\rho c})_油$ 的比值。表 2-1 中给出了相应的热容比。

表 2-1 管道投油时主要热力参数和总传热系数 K' 值

管径/mm	地温/℃	预热末 K' 值/[W/(m²·℃)]	输油初 K' 值/[W/(m²·℃)]	$(Q_{\rho c})_水 / (Q_{\rho c})_油$
219	11	1.85	0.99	3.48
426	4	3.35	2.09	2.2
529	21	2.65	2.38	1.2
720	19	2.88	2.02	1.5

2.6.2 混油情况

预热转向投油启输后，管道内将形成较长的油水混合段。混油量与投油时的流速、油水密度差、沿线地形情况、经过的泵站数等有关。由于油水密度差较大，其混油量比两种性质相近的油品顺序输送时大很多。表 2-2 列出了 3 条管道投产时的混油情况，表中的混油量用管道总容积的百分比表示。

表 2-2 管道投油启输时的混油情况

管径/mm	流速/(m·s⁻¹)	原油性质 ρ_{20}/(kg·m⁻³)	原油性质 ν_{50}/(mm²·s⁻¹)	见油情况 温度/℃	见油情况 油头含水/%	混油段情况 段尾含水/%	混油段情况 混油量/%	中间泵站数/个	线路高程变化
426	0.77	832	30	50.5	10.5	4.2	29.4	1	基本下坡
529	0.97	879	76	29	37.6	3.9	17.2	2	末段起伏大
720	0.93	832	30	50	17 (2h后)	4.0	34	5	末段起伏多

投油启输过程中油内混入水分,大都可以用加热沉降的方法脱除。为此,需要有足够容量的储罐,以备沉降之用。投油时从管道中置换出来的热水,必须妥善处理。因其温度较高,并含有少量油污,可能污染严重。若末站储罐容量足够,可考虑暂存部分热水,以备投产初期发生意外事故时应急使用。

2.6.3 隔离置换投油模型

2.6.3.1 清管器的分类

埋地热油管道由预热转向投油启输的过程中,可采用隔离球隔离前后流体,避免油水互混、给下游处理带来不必要的麻烦。隔离器是清管器的一种,当清管器不设射流旁通,且在运动过程中占满流动截面时,在管道中即可起到较好的隔离前后流体的作用。具有隔离作用的清管器有聚氨酯泡沫清管器、聚氨酯整体清管器、球型清管器等。除了隔离之外,清管器还具有除水、清洁管道、内部检测等作用。

清管器的使用已有200多年的历史,工作时,主要依靠流体在清管器前后产生的压差,推动清管器在管道内向前移动,同时实现清洁、检测等功能。常用清管器的功能可大致分为4类:管道清洗、流体隔离、管道检测、管道维护。其中,具备前两种功能清管器称为实用型或普通清管器;具备后两种功能的清管器称为智能清管器。不同功能清管器分类如表2-3所示。

表2-3 不同功能清管器

功能	名称	描述	应用
清扫功能	普通心轴式清管器	一根心轴主体上分布多个圆盘或皮碗	皮碗密封性强,只能单向运动;圆板密封性稍差,可双向运动
	刚体式皮碗清管器	心轴由钢体制成,包括皮碗清管器(单向)、直板清管器(双向)等	应用最广泛,技术最成熟。缺点:钢制心轴笨重,启动压力高
	柔轴式清管器	心轴材料(如聚氨酯)可以发生较强弹性形变,分为柔轴整体式和柔轴组合式	可搭配辅助清扫工具,同时实现隔离、清洗功能。性价比高,但耐磨性差
	变直径心轴式清管器	用于两种确定管径组成的管道清管	满足管径增大60%的需要。缺点:不能随意缩放清管器尺寸
	旁通式心轴清管器	装有泄压阀,压差大于某值时允许流体旁通过	可安装不同辅助工具实现多种功能。适用于管道结垢严重、使用其他清管器容易卡堵的情况

续表

功能	名称	描述	应用
清扫功能	蠕动清管器	具有叶轮机,可自动推进	可在管内逆流运行,通过弯管,清管效果不受管壁结垢影响
	滚动行进式清管器	安装有支架,支架端部安装滚轮	可防止偏磨
	液压动力清管器	所有单元均有开孔,允许流体穿过清管器。清管时不接触管道内壁,由高压射流完成	清除管内壁以及凹坑内的污物和水,可以防止点蚀和坑蚀
	液驱螺旋桨动力清管器	安装叶轮,驱动清管器在管内前进	清管器速度可控
	类足球式清管器	类似足球,由五边形和六边形组成网格	清扫和变形能力增强
	凝胶清管器	由溶剂、聚合物、X-linker和其他化学试剂组成凝胶混合物	用于内壁涂敷,清沙,管道填充水试压,排水和干燥等。可穿过管道约束、检测探针,密封性好
	冰浆清管器	由水和凝点抑制剂组成	对环境无污染
隔离功能	聚氨酯泡沫清管器	分为组合式和整体式	刮扫、密封、隔离。在心轴式之前,开辟通道,避免卡堵。质量轻、柔韧性好、卡堵可能性低,但磨损大,寿命短
	球形清管器	球型,分为实心和空心,材料为聚氨酯或氯丁橡胶,空心球面留有便于充液体的填充阀	隔离和推送流体。球径可变;与管壁只能形成一个密封面,因此排污功能不是特别理想
	凝胶体隔离清管器	凝胶构成	可用于沉积物清除、管道排空、隔离不同油品或流体。密封性、弹性、变形性能好,可充满管道截面,摩阻小,再聚合能力强

续表

功能	名称		描述	应用
检测功能	内部几何检测清管器	机电式几何检测	在皮碗内侧安装滚轮，通过辐射状传感触壁直接测量，而后将数据存储至硬盘	
		电磁式几何检测	利用电磁发射器产生辐射电磁场	
	地理位置检测清管器		通过陀螺仪和速度计记录设备偏转程度和清管器运行速度	检测管道弯头的角度、方向、位置
	金属缺失检测清管器	磁通漏失检测清管器	钢管缺陷处的磁导率远小于钢管的磁导率，在外加磁场作用下，缺陷处磁力线弯曲	可能出现虚假数据
		超声波检测清管器	根据内外壁的超声波反射接收信号判断缺陷	适用于壁厚较厚管线以及定性研究。超声波在气相中衰减快；发射器与管壁之间必须保持直角
		高频涡流检测清管器	根据被检工件内感生涡流的变化判断缺陷	灵敏度高，不需要耦合剂；穿透力弱。但只能检测材料表面缺陷，不能区分缺陷种类和形状
		摄像检测清管器	在管内拍照检测	直观
		金属磁记忆检测器	缺陷处表面形成"漏磁场"，利用磁场传感器对设备表面漏磁场扫描检测	故障的早期诊断和评价；设备强度、可靠性、寿命预测。但自磁化和其他电磁噪声对结果有影响；磁检测仪的设计和分析存在理论不足
	泄漏点探测清管器		测量管壁处压力、流量的机械式方法，以及超声波检测法、放射性检测法	
	热能检测清管器		装有温度装置，记录热损失导致的冷却作用	可用于海底管道
	变径检测清管器		安装弹簧，保证圆盘根据管径尺寸扩张或缩小	同时实现变径和检测功能
维护功能	堵漏清管器		维修时将管道与外界隔离	在不损失大量管输产品的情况下，将管线破开进行修理工作
	管道涂敷清管器		与普通清管器无异，运行的同时为管内壁进行涂敷	用于管道内壁腐蚀抑制剂或者防腐层的涂敷
	管道疏通清管器		铰链连接的心轴式清管器	移出卡堵或遗失在管道内的清管器

常将聚氨酯泡沫清管器作为隔离球。聚氨酯泡沫清管器主要由多孔的聚氨酯泡沫制成,是目前重量较小的一种清管器。其外形多为子弹状,尾部可以是平的,也可以是凹陷的,整体长度为管径的 1.5~2.0 倍。根据聚氨酯泡沫密度的不同可划分为低密度($32kg/m^3$)、中密度($80~128kg/m^3$)和高密度($150~200kg/m^3$)三类。

聚氨酯泡沫清管器的外表面可以只是基础泡沫,也可以涂上一层耐磨的聚氨酯材料。同时,根据需要,还可在其外表面添加螺旋带状钢丝刷,增加机械刮削能力;或在泡沫清管器尾部安装测径板,检测管道内径有无明显变形,为后续发送机械清管器作准备。表 2-4 为一组聚氨酯泡沫清管器参数。图 2-6~图 2-8 为几种常用的泡沫清管器。

表 2-4 聚氨酯泡沫清管器参数

过盈率	摩擦系数	弹性模量	泊松系数	长度	密度
3%	0.12	8MPa	0.48	60cm	$100kg/m^3$

图 2-6 聚氨酯泡沫清管器

图 2-7 有螺旋带状钢丝刷的聚氨酯泡沫清管器

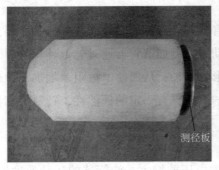
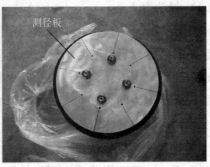

图2-8 后置测径板的泡沫清管器

2.6.3.2 隔离球运动模型

由于清管器的阻隔作用,阻碍了上游流体介质的运动,从而在清管器前后两端产生压差,当该压差克服清管器与管道内壁面的摩擦阻力、重力(上坡管段),清管器向管道下游运动。

本书以非旁通型清管器建立隔离球运动模型。该种类型清管器的尺寸较管道内直径有一定的过盈量。清管器弹性材料与管壁接触发生形变,增加清管器与管壁的压力,从而导致摩擦力增加。根据清管器受力分析,普通清管器在管道中主要受自身重力、摩擦阻力,以及清管器两端压差作用下的驱动力。

(1) 重力 F_{pig}

当清管器通过水平管段时,清管器所受重力与运动速度方向垂直,故运动方向的重力分量为零。清管器通过上坡或下坡管段时,清管器重力在运动方向的分量为 $M_{pig} \cdot g\sin\theta$。

$$F_{pig} = M_{pig} g \sin\theta \tag{2-35}$$

(2) 摩擦阻力 F_f

清管器的摩擦阻力分为静摩擦力、动摩擦力。当清管器的运动速度为零时(①发球筒内,清管器未启动;②管段内,清管器受障碍物阻碍处于停止状态),清管器所受摩擦阻力为静摩擦力。当清管器速度不为零时,清管器所受摩擦力为动摩擦力。

$$\begin{cases} F_f = F_{fsta} & u_{pig} = 0 \text{m/s} \\ F_f = F_{fdyn} & u_{pig} > 0 \text{m/s} \end{cases} \tag{2-36}$$

其中动摩擦力的方向始终与清管器的运动方向相反,其数值可根据清管器在管道内的径向变形量计算。

$$F_{fdyn} = \mu_f 2\pi r_{pig} L_{pig} \frac{E\delta}{r_{pig}(1-v)} \tag{2-37}$$

(3) 制动力 F_b

清管器在管道中运动时,突然受到管道中障碍物的阻碍使其减速甚至停止运动,该阻碍清管器运动的阻力称之为制动力。例如清管器通过管道环焊缝时,由于管道截面积发生变化,导致清管器变形量增加,从而使摩擦阻力增加,该部分增加的额外摩擦力即为制动力。制动力的取值具有一定的偶然性,针对清管器不同的受阻情况确定具体数值。

(4) 驱动力 F_p

驱动力取决于清管器前后两端的压差,压差增大,清管器的运动速度增加,反之则减小。

$$F_p = P_{Dpig}A \quad (2-38)$$

根据牛顿第二运动定律,结合清管器的受力分析,考虑清管器皮碗等弹性材料的磨损,建立清管器运动模型。

$$M_{pig}\frac{d^2x}{dt^2} + C\frac{dx}{dt} + Kx = F_p(t) - F_b(t) - F_f(t) - M_{pig}g\sin\theta$$

$$(2-39)$$

式中 M_{pig}——清管器质量,kg;

u_{pig}——清管器运动速度,m/s;

x——清管器位置,m;

t——时间,s;

C——清管器阻力系数,N·s/m;

K——单位管长清管器磨损系数,N/m;

F_p——清管器驱动力,N;

F_b——清管器制动力,N;

F_f——清管器摩擦阻力,N;

F_{fsta}——清管器静摩擦力,N;

F_{fdyn}——清管器动摩擦力,N;

μ_f——清管器材料表面与管道内壁面的摩擦系数,无量纲;

r_{pig}——清管器半径,m;

L_{pig}——清管器与管道内壁面的有效接触面积,m²;

E——清管器材料的弹性模量,Pa;

ν——清管器材料的泊松比,无量纲;

σ——清管器在管道中径向半径的变形量,m;

P_{Dpig}——清管器两端压差，Pa；
θ——管道倾角，(°)；
g——重力加速度，9.8m/s²。

2.7 初值及边界条件

2.7.1 初值条件

刚开始预热时，管内温度与海管埋深处温度相同，流体-管道-土壤构成稳定热力系统，因此有 $t = 0$ 时：

$$T_w(z) = T_0 \tag{2-40}$$

$$\frac{\partial^2 T_s}{\partial x^2} + \frac{\partial^2 T_s}{\partial y^2} = 0 \tag{2-41}$$

$$\frac{1}{r}\frac{\partial}{\partial r}(\lambda_i r \frac{\partial T_i}{\partial r}) + \frac{1}{r^2}\frac{\partial}{\partial \theta}(\lambda_i \frac{\partial T_i}{\partial \theta}) = 0 \tag{2-42}$$

式中，T_i、λ_i 分别为各层海管结构的温度和导热系数，单位分别为 K 和 W/(m·K)。

埋地热油管道从预热到投油生产是一个连续的热力、水力过程，前一阶段的终止状态即为下一阶段的初始条件。预热结束时的全线参数是模拟投油过程的初始状态；清管器到达管道出口时的沿线参数则为模拟输送纯油阶段提供起始条件。

2.7.2 边界条件

预热投产过程中，管道两端需设置必要的边界条件。管道入口流体温度通常已知，管道压力和流量边界条件可以有如下设置方法：

(1) 入口流量边界，出口压力边界；
(2) 入口压力边界，出口流量边界；
(3) 入口流量边界，出口流量边界；
(4) 入口压力边界，出口压力边界。

具体采用何种边界形式需根据实际情况具体分析。

对于土壤计算区域，需要对每个边界分别进行定义。

(1) 左边界

由于计算区域关于 y 轴对称，所以左边界可视作绝热边界。即：
$x = 0, 0 \leq y \leq h_t - R 、 h_t + R \leq y \leq Y_d$ 时：

$$\frac{\partial T_s}{\partial x} = 0 \tag{2-43}$$

式中　h_t——管道埋深，m；
　　　Y_d——恒温层深度，m。

(2) 右边界

根据热力影响区的概念，大于管道热力影响区时土壤温度不受管道热力影响。因此在右边界处可视为绝热边界。即 $x = X_d$ 时，

$$\frac{\partial T_s}{\partial x} = 0 \tag{2-44}$$

式中　X_d——土壤热力影响区水平方向边界，m。

(3) 上边界

陆地埋地管道上边界与大气接触，属于第三类边界条件。即 $y = 0$ 时，

$$-\lambda_s \frac{\partial T_s}{\partial x} = \alpha_a (T_a - T_s) \tag{2-45}$$

式中　α_a——表层土壤与大气对流换热系数，W/(m²·℃)，可用式 (2-46) 进行计算：

$$\alpha_a = 11.6 + 7.0\sqrt{V_a} \tag{2-46}$$

其中，V_a——地表风速，m/s。

海底埋地管道的计算区域上边界与底层海水接触，其间的换热属于外掠无限大平板问题。杨显志、齐晗兵等人研究后指出，海水流速不高时其对海底管道的传热影响不大。渤海底层海水流速较低，一般是 0.5~1m/s，其带来的复合热阻小于 0.005 m²·℃/W，相对于管道保温层和海泥的热阻可以近似忽略不计。同时，海水与海床表层之间还存在传质，将使折算得到的热阻更小。因此对于上边界可采用第一类边界，即 $y = 0$ 时，

$$T_s|_{y=0} = T_{sea} \tag{2-47}$$

式中　T_{sea}——底层海水温度，℃。

(4) 下边界

根据恒温层的定义，恒温层处温度不变化，故下边界为第一类边界，即 $y = Y_d$ 时，

$$T_s|_{y=Y_d} = T_d \tag{2-48}$$

式中 T_d——恒温层温度,℃。

综合管输瞬变流动模型、非稳态导热微分方程、隔离置换投油模型以及相应的初值和边界条件,构成了完整的埋地热油管道预热投产非稳态热力、水力数学模型。

2.8 模型参数的确定

2.8.1 水力摩阻系数

水力摩阻系数是影响管流计算的重要参数,与雷诺数、管道粗糙度有关。不同的流态、不同的流型,摩阻系数 λ 的值不同。水力摩阻系数 λ 可表示成雷诺数 Re 和当量粗糙度 ε 的函数。当量粗糙度 $\varepsilon = \dfrac{2e}{D}$,$e$ 为管壁绝对粗糙度。

常用的牛顿流体水力摩阻系数与流态的对应关系如表2-5所示。

表2-5 牛顿流体水力摩阻系数计算公式

流态		划分范围	λ
	层流	$Re < 2000$	$\lambda = \dfrac{64}{Re}$
紊流	水力光滑区	$3000 < Re < Re_1 = \dfrac{59.5}{\varepsilon^{8/7}}$	$\dfrac{1}{\sqrt{\lambda}} = 1.81 \lg Re - 1.53$ $Re < 10^5$ 时 $\lambda = 0.3164 Re^{-0.25}$
	混合摩擦区	$\dfrac{59.5}{\varepsilon^{8/7}} < Re < Re_2 = \dfrac{665 - 765 \lg \varepsilon}{\varepsilon}$	$\lambda = 0.11 \left(\dfrac{\varepsilon}{D} + \dfrac{68}{Re} \right)^{0.25}$
	粗糙区	$Re > \dfrac{665 - 765 \lg \varepsilon}{\varepsilon}$	$\lambda = \dfrac{1}{(1.74 - 2 \lg \varepsilon)^2}$

对于层流向紊流过渡区($2000 < Re < 3000$),目前尚无成熟的摩阻系数计算公式,可按照水力光滑区的摩阻系数公式计算。

对非牛顿流体而言,原油中常见为幂律流体,可采用 Metzner – Reed 雷诺数:

$$Re_{MR} = \frac{\rho D^n V^{2-n}}{K/8} \left(\frac{n}{6n+2} \right)^n \tag{2-49}$$

此时层流与紊流转换的临界雷诺数表示为：

$$(Re_{MR})_c = \frac{6464n}{(3n+1)^2}(n+2)^{\frac{n+2}{n+1}} \quad (2-50)$$

当 $Re_{MR} < (Re_{MR})_c$ 时为层流，摩阻系数 λ 可由式（2-51）计算：

$$\lambda = \frac{64}{Re_{MR}} = \frac{8K}{\rho D^n V^{2-n}}\left(\frac{6n+2}{n}\right)^n \quad (2-51)$$

当 $Re_{MR} > (Re_{MR})_c$ 时为紊流，其摩阻系数 λ 可由 Dodge-Metzner 半经验公式计算：

$$\frac{1}{\sqrt{f}} = 4n^{-0.75}\lg\left[Re_{MR} f^{\left(1-\frac{n}{2}\right)}\right] - 0.4n^{-1.2} \quad (2-52)$$

$$\lambda = 4f \quad (2-53)$$

式中 Re_{MR}——非牛顿流体通用雷诺数，无因次；

$(Re_{MR})_c$——非牛顿流体临界雷诺数，无因次；

K——稠度系数，$Pa \cdot s^n$；

n——流变行为指数，无因次；

f——范宁摩阻系数，无因次；

λ——水力摩阻系数，无因次。

2.8.2 流体向管道内壁放热系数

流体向管道内壁的放热系数 α_1 与流体的流态有关，可以通过雷诺数 Re、努塞尔数 Nu、格拉晓夫数 Gr 和普朗特数 Pr 之间的数学关系式来表示。

（1）层流状态，即 $Re < 2000$ 时：

当 $Gr \cdot Pr < 500$ 时

$$Nu_y = \frac{\alpha_1 D_0}{\lambda_y} = 3.65 \quad (2-54)$$

$$\alpha_1 = 3.65\frac{\lambda_y}{D_0} \quad (2-55)$$

当 $Gr \cdot Pr > 500$ 时

$$Nu_y = 0.17 Re_y^{0.33} Pr_y^{0.43} Gr_y^{0.1}\left(\frac{Pr_y}{Pr_{bi}}\right)^{0.25} \quad (2-56)$$

$$\alpha_1 = 0.17\frac{\lambda_y}{D_0} Re_y^{0.33} Pr_y^{0.43} Gr_y^{0.1}\left(\frac{Pr_y}{Pr_{bi}}\right)^{0.25} \quad (2-57)$$

式中下标 y、bi 分别表示参数计算时取液体或管壁温度。

雷诺数：
$$Re_y = \frac{\rho_y D_0 V_y}{\mu_y} \tag{2-58}$$

努塞尔数：
$$Nu_y = \frac{\alpha_1 D_0}{\lambda_y} \tag{2-59}$$

流体和壁面普朗特数：
$$Pr_y = \frac{\mu_y c_y}{\lambda_y} \quad Pr_{bi} = \frac{\mu_{bi} c_{bi}}{\lambda_{bi}} \tag{2-60}$$

格拉晓夫数：
$$Gr_y = \frac{D_0^3 g \beta_y \rho_y^2 (T_y - T_{bi})}{\mu_y^2} \tag{2-61}$$

式中 D_0——钢管内径，m；
λ_y——液体导热系数，W/(m·℃)；
μ_y——液体动力黏度，Pa·s；
c_y——液体比热容，J/(kg·℃)；
ρ_y——液体密度，kg/m³；
V_y——流速，m/s；
β_y——液体体积膨胀系数，1/℃；
g——重力加速度，取 9.8m/s²。

（2）过渡流状态，即 $2000 < Re < 10^4$ 时，流体放热强度显著增强，尚无可靠的计算公式，可按式（2-62）和式（2-63）估算：

$$Nu_y = K_0 Pr_y^{0.43} \left(\frac{Pr_y}{Pr_{bi}}\right)^{0.25} \tag{2-62}$$

$$\alpha_1 = K_0 \frac{\lambda_y}{D_0} Pr_y^{0.43} \left(\frac{Pr_y}{Pr_{bi}}\right)^{0.25} \tag{2-63}$$

其中 K_0 是 Re 的函数，由表 2-6 确定。

表 2-6 系数 K_0 与 Re 的关系

$Re \times 10^{-3}$	2.2	2.3	2.5	3.0	3.5	4.0	5.0	6.0	7.0	8.0	9.0	10.0
K_0	1.9	3.2	4.0	6.8	9.5	11.0	16.0	19	24	27	30	33

K_0 与 Re 可回归为式（2-64）：

$$K_0 = 0.32725 Re^{0.55498} - 21.15923 \tag{2-64}$$

将式（2-64）代入式（2-63）：

$$\alpha_1 = (0.32725Re^{0.55498} - 21.15923)\frac{\lambda_y}{D_0}Pr_y^{0.43}\left(\frac{Pr_y}{Pr_{bi}}\right)^{0.25} \quad (2-65)$$

（3）紊流情况下，即 $Re > 10^4$ 且 $Pr < 2500$ 时，流体向管内壁放热系数 α_1 可按式（2-66）进行计算：

$$\alpha_1 = 0.021\frac{\lambda_y}{D_0}Re_y^{0.8}Pr_y^{0.44}\left(\frac{Pr_y}{Pr_{bi}}\right)^{0.25} \quad (2-66)$$

（4）停输后，管内流体与管壁的传热变为自然对流形式，流体向管内壁放热系数 α_1 可按式（2-67）进行计算：

$$\alpha_1 = C\frac{\lambda_y}{D_1}(Gr_y \cdot Pr_y)^n \quad (2-67)$$

式中 C、n 为系数，由表 2-7 确定。

表 2-7　系数 C、n 取值

$Gr \cdot Pr$	C	n
$10^{-3} \sim 5 \times 10^2$	1.180	0.125
$5 \times 10^2 \sim 2 \times 10^7$	0.540	0.250
$2 \times 10^7 \sim 10^{13}$	0.135	0.333

（5）以上计算公式均是针对牛顿流体而言，对于非牛顿流体的传热系数尚无精确计算公式。文献均建议同样采用牛顿流体的计算公式，只是带入非牛顿流体的物性参数。例如对幂率流体而言，Nu、Gr、Pr 计算时黏度 μ_y 采用表观黏度，Re 按照 Re_{MR} 计算。

2.8.3　立管外壁向大气和海水放热系数

海洋管道的立管向环境的放热形式与埋地段不同。对于暴露于大气中的立管，其外壁放热系数可参照陆地架空管道外壁向大气的放热系数计算公式：

$$\alpha_{2a} = \alpha_{ac} + \alpha_{aR} \quad (2-68)$$

其中，α_{ac} 和 α_{aR} 分别为暴露于大气中的立管外壁与大气之间的对流和辐射放热系数，$W/(m^2 \cdot \text{℃})$。

立管外壁向海水的放热系数可依公式（2-69）~公式（2-72）计算：

$$\alpha_2 = Nu\frac{\lambda_{sea}}{D_w} \quad (2-69)$$

$$Nu = CRe^n \cdot Pr^{\frac{1}{3}} \quad (2-70)$$

$$Re = \frac{D_w V_{sea} \rho_{sea}}{\mu_{sea}} \quad (2-71)$$

$$Pr = \frac{\mu_{sea} c_{sea}}{\lambda_{sea}} \quad (2-72)$$

式中 D_w——钢管外径，m；
λ_{sea}——海水导热系数，W/(m·℃)；
V_{sea}——海水流速，m/s；
ρ_{sea}——海水密度，kg/m³；
μ_{sea}——海水动力黏度，Pa·s；
c_{sea}——海水比热容，J/(kg·℃)；
λ_{sea}——海水导热系数，W/(m·℃)；
C、n——常数，由表2-8确定。

表2-8 常数 C、n 取值

Re	C	n
0.4~4	0.989	0.330
4~40	0.911	0.385
40~4×10³	0.683	0.466
4×10³~4×10⁴	0.193	0.618
4×10⁴~4×10⁵	0.027	0.805

当海水流速低于0.05m/s或空气流速低于0.5m/s时，管道外壁可视作自然对流。大气和海水的自然对流放热系数，可分别取4W/(m²·℃)和200W/(m²·℃)。

2.9 预热水物性参数的确定

由于水具有易获取、比热容大等特点，常作为预热介质，其物性参数可由下列各式计算得到。

2.9.1 密度

水的密度随温度发生变化。常压下，4℃时水的密度最大；0~4℃时，水的密度随温度升高增大；大于4℃时，水的密度随温度的升高而降低。水的密度与温度的关系可由式（2-73）计算得到：

$$\rho_w = -1.69328 \times 10^{-7} T^4 + 4.8864 \times 10^{-5} T^3 - 7.9211 \\ \times 10^{-3} T^2 + 0.056894 T + 999.86822 \quad (2-73)$$

式中　ρ_w——水的密度，kg/m³；

　　　T——温度，℃（下文中不特殊说明时，物性计算所用温度均为℃）。

2.9.2　膨胀系数

液体的膨胀系数是指压力不变情况下，液体温度变化引起的液体体积的相对变化量。根据定义，液体膨胀系数可表示为：

$$\beta = \frac{1}{v^*} \left(\frac{\partial v^*}{\partial T} \right)_p \quad (2-74)$$

式中　β——液体膨胀系数，1/℃；

　　　v^*——膨胀前的液体体积，m³；

　　　T——温度，℃。

拟合国家计量检定规程 JJG 209—2010《体积管检定规程》中水的体积膨胀系数 β_w 与温度对照表，可得水的膨胀系数计算公式如下：

$$\beta_w = -3.3574 \times 10^{-11} T^4 + 4.521 \times 10^{-9} T^3 - 2.9509 \times 10^{-7} T^2 + \\ 1.7911 \times 10^{-5} T - 5.896 \times 10^{-5} \quad (2-75)$$

式中　β_w——水的膨胀系数，1/℃。

2.9.3　动力黏度

压力对液体黏度的影响不大。水的动力黏度可由式（2-76）计算得到：

$$\mu_w = \exp\{1.003 - [1.479 \times 10^{-2}(1.8T+32)] + [1.982 \times 10^{-5}(1.8T+32)^2]\} \times 10^{-3} \quad (2-76)$$

式中　μ_w——水的动力黏度，Pa·s。

2.9.4　导热系数

水的导热系数可由式（2-77）计算得到：

$$\lambda_w = 3.693561 \times 10^{-11} (T+273.15)^3 - 6.189234 \times 10^{-6} (T+273.15)^2 + \\ 5.110079 \times 10^{-3} (T+273.15) - 0.3690780 \quad (2-77)$$

式中　λ_w——水的导热系数，W/(m·℃)。

2.9.5 比热容

水的比热容可由式（2-78）计算得到：

$$c_w = 1.440865 \times 10^{-4} (T + 273.15)^3 - 0.1544152 \times (T + 273.15)^2 + 55.27069 \times (T + 273.15) - 2379.154$$

(2-78)

式中　c_w——水的比热容，J/(kg·℃)。

2.9.6 体积弹性系数

流体的体积弹性系数 k 是指温度一定时，流体产生单位相对体积变化率所需的压力大小。根据定义，流体体积弹性系数 k 可表示为：

$$k = -v \left(\frac{\partial p}{\partial v}\right)_T \quad (2-79)$$

体积弹性系数是流体体积受外界压力变化影响大小的表征，其值越大表明流体越不容易压缩。液体的体积弹性系数与温度有关，温度越高，弹性系数越小。体积弹性系数的值等于相同情况下压缩系数的倒数，可由式（2-80）和式（2-81）计算得到：

$$\ln(F \times 10^{10}) = 0.51992 + 0.0023662T + \frac{846596}{\rho_0^2} + \frac{2366.6T}{\rho_0^2}$$

(2-80)

$$k = \frac{1}{F} \quad (2-81)$$

式中　F——液体压缩系数，Pa^{-1}；

ρ_0——标准密度，$\rho_0 = \rho_4^{20}$，kg/m³；

k——液体体积弹性系数，Pa。

2.10 原油物性参数的确定

原油物性可由以下各段所描述之公式计算。

2.10.1 密度

根据20℃时油品密度，按式（2-82）和式（2-83）可换算成计算温度下的密度：

$$\rho_o = \rho_{20} - \xi(T - 20) \tag{2-82}$$

$$\xi = 1.825 - 0.001315\rho_{20} \tag{2-83}$$

式中　ρ_o——原油密度，kg/m³；

ρ_{20}——20℃时原油密度，kg/m³；

ξ——温变系数；

T——原油温度，℃。

2.10.2　导热系数

管输条件下，原油的导热系数一般在 0.1~0.16 W/(m·℃) 之间。不同温度下原油导热系数可按照式 (2-84) 计算：

$$\lambda_o = 0.137 \times (1 - 0.54 \times 10^{-3}T)/d_4^{15} \tag{2-84}$$

式中　λ_o——原油导热系数，W/(m·℃)；

d_4^{15}——15℃时原油的相对密度，无因次。

2.10.3　体积膨胀系数

原油的体积膨胀系数可由式 (2-85) 计算得到：

$$\beta_o = \frac{1}{2310 - 6340d_4^{20} + 5965d_4^{20} - T} \tag{2-85}$$

式中　β_o——原油体积膨胀系数，1/℃；

d_4^{20}——20℃时原油的相对密度，无因次。

2.10.4　比热容

含蜡原油比热容随温度变化，一般情况下可按照析蜡点 T_{sL}、最大比热容温度 T_{cmax} 将比热容-温度曲线分成三个区：

(1) 温度高于析蜡点 T_{sL} 时为Ⅰ区。在Ⅰ区内石蜡尚未析出，比热容随油温的下降而缓慢升高，可按式 (2-86) 计算：

$$c_{Ly} = a_c + b_c T = \frac{1}{\sqrt{d_4^{15}}}(1.687 + 3.39 \times 10^{-3}T) \tag{2-86}$$

式中　c_{Ly}——原油比热容，J/(kg·℃)；

d_4^{15}——15℃时原油的相对密度，无因次；

T——原油温度，℃。

(2)温度从 T_{sL} 降到比热容达最大值的温度 T_{cmax} 为Ⅱ区。在Ⅱ区内，随着油温下降，比热容急剧上升。该区内由大量石蜡析出，比热容与温度呈指数关系：

$$c_{Ly} = I - Ae^{nT} \tag{2-87}$$

(3)温度从 T_{cmax} 降至0℃为Ⅲ区。在Ⅲ区内随着油温下降比热容减小。在这个温度范围内，多数蜡晶已经析出，故在继续降温时，单位温降的析蜡率逐渐减小。温度达到 T_{cmax} 时，析蜡率最大，即比热容最大。此温度范围内，$c_{Ly} - T$ 关系可表示为：

$$c_{Ly} = I - Be^{-mT} \tag{2-88}$$

一般情况下，T_{cmax} 略低于原油凝点。所以对于热油管道而言，温度很少进入Ⅲ区。

式（2-87）、式（2-88）中，参数I、A、B、n、m均为与原油有关的常数，可通过相关实验手段测得。现常采用差示扫描量热法测定油样不同温度下的比热容，然后进行数据拟合。

2.10.5 原油黏度

含蜡原油的黏度与温度密切相关。输送过程中，蜡晶随着原油温度的降低逐渐析出，进而影响原油结构，使原油宏观呈现出多变的黏温特性。当温度高于析蜡点时，蜡晶完全溶解于原油中，流体呈现牛顿流体特性；当油温低于析蜡点而高于反常点时，蜡晶逐渐析出，但仍呈现牛顿流体特性；油温低于反常点时，大量的蜡晶析出导致含蜡原油变成以蜡晶为分散相的胶体分散体系或固液悬浮体系，表现出非牛顿流体特性，此时原油黏度与油温和剪切速率均有关。

原油的黏温关系与油品性质相关，因此，尚无统一公式用于描述所有油品的黏度。在牛顿流型的温度范围内，国内外常见的黏温经验公式有：

(1)美国材料与试验学会（ASTM）推荐方程

$$\lg[\lg(\upsilon + 0.8 \times 10^{-6})] = a + b\lg(T + 273) \tag{2-89}$$

式中 υ ——油品的运动黏度，m^2/s；

a、b ——系数。

(2)指数关系式

$$\frac{\upsilon_1}{\upsilon_2} = e^{-u(T_1 - T_2)} \tag{2-90}$$

式中 υ_1、υ_2 ——温度 T_1、T_2 时油品的运动黏度，m^2/s；

u ——黏温指数，$1/℃$。

(3) 双常数关系式

$$\lg\eta = A + \frac{B}{T} \quad (2-91)$$

$$v = \frac{c}{\rho}\exp\frac{B}{T} \quad (2-92)$$

(4) 三常数关系式

$$v_t = v_0\exp\left(\frac{b}{T-T_\infty}\right) \quad (2-93)$$

上述黏温关系式都只是适用于某些油品或某一温度范围。关系式中的系数应根据不同油品的实验室测定值求解。对于含蜡原油而言，当温度降至一定温度时，黏度不仅是温度的函数，也是剪切速率的函数。因此，最准确的黏温关系，应当是依据相关规范，选用黏度计或流变仪测试该油样的完整流变曲线。图2-9为一种常用的旋转流变仪。式（2-94）~式(2-97）为根据流变曲线拟合得到的某含蜡原油黏温关系式。

图2-9 哈克MARS Ⅲ旋转流变仪

$T > 53$℃：
$$\mu_o = 10^{-0.03426T+0.1953} \quad (2-94)$$

43℃$ < T < 53$℃：
$$\mu_o = 10^{-0.037756T+0.3804} \quad (2-95)$$

$T < 43$℃：
$$\mu_o = K\gamma^{n-1} \quad (2-96)$$

$$\begin{cases} K = 10^{-0.04987T+1.0428} \\ n = 7.327\times10^{-3}T + 0.6064 \end{cases} \quad (2-97)$$

式中 μ_o——原油（表观）黏度，Pa·s；

K——稠度系数，Pa·s^n；

n——流变行为指数，无因次；

γ——剪切速率，s^{-1}；

T——温度，℃。

数值上，管壁处的剪切速率是对应流速下液体的有效剪切速率。含蜡原油管输流速与剪切速率的关系可由表2-9中公式确定。

表2–9　剪切速率与流速换算关系

流态	牛顿流体	非牛顿流体
层流	$\gamma = \dfrac{8V}{D}$	$\gamma = \dfrac{3n+1}{4n}\dfrac{8V}{D}$
紊流	$\gamma = 4.94 \times 10^{-3} Re^{0.75} \dfrac{8V}{D}$	$\gamma = \left(\dfrac{f}{16/Re_{MR}}\right)^{1/n}\left(\dfrac{3n+1}{4n}\dfrac{8V}{D}\right)$, $Re_{MR} = \dfrac{\rho D^n V^{2-n}}{8^{n-1} K}\left(\dfrac{4n}{3n+1}\right)^n$, $f = \dfrac{a}{(Re_{MR})^b}$, $(Re_{MR})_c = \dfrac{6464n}{(3n+1)^2}(n+2)^{\frac{n+2}{n+1}}$

式中　V——流速，m/s；

f——范宁摩阻系数，无因次；

Re_{MR}——非牛顿流体通用雷诺数，无因次；

$(Re_{MR})_c$——非牛顿流体临界雷诺数，无因次；

a、b——与流动特性指数 n 有关的参数，无因次，可由表2–10查到：

表2–10　a、b 与 n 值关系表

n	0.2	0.3	0.4	0.6	0.8	1.0	1.4	2.0
a	0.0646	0.0685	0.0712	0.0740	0.0761	0.0779	0.0804	0.0826
b	0.349	0.325	0.307	0.281	0.263	0.250	0.231	0.213

2.11　土壤导热系数

无论陆地还是海底，管道所处的土壤性质对管道的传热影响巨大。作为一种多相分散体系，土壤间的传热是导热、对流以及辐射共同作用的结果。长期以来，研究者为了简化管道与土壤之间的传热过程，大多将管道周围土壤视作性质均一的物质。事实证明，这种方法大大简化了计算过程，而且并未给计算结果带来严重误差。

研究表明，湿度、温度、孔隙度以及土壤类型等因素均对土壤性质有影响。因此，计算中常用的相关数据往往是通过实验或者现场测试得到。苏联的丘德洛夫斯基经过测试不同性质的土壤，得到了土壤导热导温系数的经验公式；艾朗斯

基也认为,土壤的热物性质具有统计特性,因而在大量实验和数据分析的基础上归纳出多种土壤导热系数的多相表达式。蒋洪采用探针法实测得到了魏荆输油管线土壤的导热系数,运用数值算法对实测值进行拟合,从而计算得到了该条管线的总传热系数。张文轲基于现场数据回归出不同含水率下土壤导热系数的计算公式,进而研究了含水率对管道的热力影响。表2-11、表2-12分别为部分土壤以及常用土质导热系数值。

表2-11 部分土壤导热系数

湿度	土壤性质	导热系数/[W/(m·℃)]	湿度	土壤性质	导热系数/[W/(m·℃)]
干燥	普通土	0.174	潮湿（中等饱和）	普通土	1.163
	砾石	0.233		黏土	1.396
轻度潮湿（未被保温管烘干土壤）	普通土	0.698		沙质黏土	1.396
	黏土	1.396		沙子	1.745
	沙质黏土	1.163	地下水位下（过饱和）	普通土	1.396
	沙子	0.930		黏土	1.861
				沙质黏土	2.093
				沙子	2.326

表2-12 不同土质导热系数选用表

土壤名称	导热系数/[W/(m·℃)]	土壤名称	导热系数/[W/(m·℃)]
干土	0.17	地下水位下的沙质黏土	1.86
黏土（湿润）	0.87	地下水位下的沙子	2.33
黏土（潮湿）	1.04	海床水饱和土壤	10

相比而言,关于海底土壤物性的研究相对较少。杨显志、齐晗兵制作了海底沙土的热物性测试装置,利用准稳态法测试了不同含水率下海底沙土的饱和含水率、有效导热系数和有效比热容,得到了导热系数和比热容随含水率变化关系式。结果表明:海底淤泥质沙土的饱和含水率约为20%~21.5%,密度约为2000kg/m³,饱和状态时最大导热系数和比热容分别为6.03W/(m·℃)和2.47kJ/(kg·℃)。周晓红研究表明:实际工程计算中,可取海底土壤导热系数值大于2W/(m·℃),不会对结果带来过大偏差。邢晓凯运用数值模拟方法计算了海底双重保温管内流体温降和管外土壤的温度场,比对了不同导热系数下的计算误差,最终建议取10W/(m·℃)作为海床土壤当量导热系数。

此外,关于海底管道敷设处土壤的表述尚不统一,常见的有"海底土壤""海床土壤""海底淤泥质沙土""海泥"等多种称谓。考虑到渤海湾等海域土壤的泥沙质特征,同时借鉴《海洋石油工程海底管道设计》及相关文献中的表述,本书推荐以"海泥"表述海管外部土壤环境。

第 3 章　流体流动模型数值求解方法

本章将介绍几种管道瞬变流动方程的数值解法，并着重运用特征线法建立埋地热油管道预热投产期间管内热流体的水力热力耦合算法。

3.1　特征线法

3.1.1　特征线法在油气管道仿真中的应用

特征线法（Method of Characteristics，简称 MOC）是一种广泛应用并已被证明是行之有效的求解拟线性偏微分方程组的数值解法。它将偏微分方程组转化成在某一方向上成立的常微分方程，继而利用有限差分近似求解。这个方向称为特征方向，得到的方程称为特征方程。如果一条曲线上所有点的切线方向均满足特征方向，这条曲线就称为该偏微分方程的特征线。

自 20 世纪 60 年代提出以来，特征线法逐步成为分析管流水力热力瞬变问题的有力工具，到 80 年代得到了充分的发展，被广泛应用于管道瞬态计算、水击分析及预防、泄漏检测及管网模拟仿真研究中。

1962～1969 年，T. D. Taylor、N. E. Wood 等以特征线法和有限差分为基础，开发了输气管道瞬态仿真程序。1970 年，V. L. Streeter 和 E. B. Wylie O. P. Hall 引入摩阻项，提出了改进的特征线法，其计算结果与理论推导结果吻合高。1971～1974 年，为了克服特征线法对时间步长的限制，E. Bewawnwil、Michael A. Stoner 综合了中心隐式差分法和牛顿拉夫逊方法，并应用稀疏矩阵技术进行求解。

王寿喜阐述了采用特征线法模拟天然气管网的具体步骤以及差分格式的收敛性和稳定性条件，在此基础上描述了管网节点和连接元件的处理方法以及牛顿－拉夫逊法求解代数方程组的基本流程。李长俊等在分析特征线法、显示和隐式差分法的优缺点后，揉和特征线法和隐式法提出了一种综合算法，由该算法研制出的软件包克服了单独采用这几种方法时的不足,并对四川地区数条管道进行了模拟,验证了新算法的可靠性。

鄂学全等采用特征线法成功模拟了输油管道中间站停输或末端关阀时的水力瞬变过程。Z. Kowalczu 等将特征线法和泄漏模型结合,同时配合管道外部传感器,提高了管道泄漏模型准确度。周明来等推导了模拟顺序输送的非稳态热力-水力耦合模型的双特征线法。A. R. Lohrasbi、M. H. Afshar、I. Abuizain 等先后采用水力特征线法模拟研究了输水管网中的水击过程,编制了模拟软件,并以此提出了减缓水击现象的措施。王霞采用四方程的特征线法求解了两相清管模型和瞬态混输流动模型。

2011 年,Zhao Jian 等建立了储油过程的瞬变流数学模型,运用特征线法进行求解,并编制了模拟软件,为储油过程的运行管理提供支持。孙良博士基于特征线法研究了由泄漏所引发的压力和信息瞬变传播过程,提出了基于泄漏瞬变模型的新型管道泄漏检测与定位方法。阳子轩博士同样在瞬变流动基本方程的基础上,加入首尾端以及泄漏边界条件,运用特征线法对管道泄漏过程进行了更深入的数值计算。罗绍卓开发浆体瞬变流商业计算软件时,应用流体力学和固液两相流基本理论推导了浆体管道瞬变流的连续性方程、动量方程及相应的特征方程,并分析了产生不同推导结果的原因。

W. D. Huang 等采用特征线法求解三维不稳定瞬态流动方程,研究了管道和涡轮机中的瞬变流基本规律以及相互影响。E. Nourollahi 等借鉴改进特征线法,建立了模拟天然气管道泄漏的一维改进特征线模型,讨论了4种边界条件下的气体泄漏特性。

贺帅采用双特征线法模拟堵塞管道水力瞬变过程,克服了有限体积法在处理边界条件上缺陷。骆伟基于 C#语言和特征线法开发了高含 CO_2 天然气管道仿真系统软件。该软件应用范围广、可靠性高,可以模拟不同条件、不同 CO_2 含量的天然气管道运行情况。Zhang Xinyu 等结合特征线法和有限差分法,求解得到了原油管道投产放空时全线的压力和流速分布。

3.1.2 特征线法数值求解格式

管道瞬态流动基本方程可以写成矩阵形式:

$$A\frac{\partial U}{\partial t} + B\frac{\partial U}{\partial x} + C = 0 \qquad (3-1)$$

其中,U 为自变量列向量,$U = [p, V, T]^T$,系数矩阵 A、B 及列向量 C 分别为:

$$A = \begin{pmatrix} 1 & 0 & 0 \\ 0 & 1 & 0 \\ \psi & 0 & 1 \end{pmatrix} \quad (3-2)$$

$$B = \begin{pmatrix} V & a^2 & 0 \\ 1/\rho & V & 0 \\ \psi & 0 & V \end{pmatrix} \quad (3-3)$$

$$C = \begin{pmatrix} 0 \\ g\sin\theta + \dfrac{\lambda V|V|}{2D} \\ -\lambda \dfrac{|V|^3}{2Dc_p} + \dfrac{4q}{\rho c_p D} \end{pmatrix} \quad (3-4)$$

式中 $\psi = -\dfrac{T\beta}{\rho c_p}$；

p——压力，Pa；

V——流速，m/s；

T——开氏温度，K；

a——压力波速，m/s；

ρ——密度，kg/m³；

c_p——定压比热容，J/(kg·K)；

β——体积膨胀系数，1/K；

D——管道内径，m；

λ——水力摩阻系数，无因次；

q——沿单位管长单位时间、单位面积散热量，W/m²。

方程两边同时乘以 A^{-1}：

$$\frac{\partial U}{\partial t} + A^{-1}B \frac{\partial U}{\partial x} + A^{-1}C = 0 \quad (3-5)$$

令 $|A^{-1}B - \lambda E| = 0$，可得矩阵 $A^{-1}B$ 的特征值为：

$$\begin{cases} \lambda_1 = V + a \\ \lambda_2 = V - a \\ \lambda_3 = V \end{cases} \quad (3-6)$$

由 $LA^{-1}B = \lambda_i LE$（$i = 1, 2, 3$）可得三个特征值对应的左特征向量 L^i，并左乘式（3-6）：

$$L^i \frac{\partial U}{\partial t} + L^i A^{-1}B \frac{\partial U}{\partial x} + L^i A^{-1}C = 0 \quad (i = 1,2,3) \quad (3-7)$$

由此可将管流基本方程化为沿不同特征线方向的相容方程：

$$C^+: \begin{cases} \dfrac{dV}{dt} + \dfrac{1}{\rho a}\dfrac{dp}{dt} + g\sin\theta + \dfrac{\lambda V|V|}{2D} = 0 \\ \dfrac{dz}{dt} = V + a \end{cases} \quad (3-8)$$

$$C^-: \begin{cases} \dfrac{dV}{dt} - \dfrac{1}{\rho a}\dfrac{dp}{dt} + g\sin\theta + \dfrac{\lambda V|V|}{2D} = 0 \\ \dfrac{dz}{dt} = V - a \end{cases} \quad (3-9)$$

$$C: \begin{cases} \rho c_p \dfrac{dT}{dt} - T\beta\dfrac{dp}{dt} - \dfrac{\rho\lambda V^2|V|}{2D} + \dfrac{4q}{D} = 0 \\ \dfrac{dz}{dt} = V \end{cases} \quad (3-10)$$

式（3-8）、式（3-9）称为水力特征线方程，式（3-10）称为热力特征线方程。由于波速 a 通常远远大于流体流速 V，因此式（3-8）、式（3-9）中特征线可简化为 $dz/dt = \pm a$。同时用压力水头 H、流量 Q 分别代替原式中压力 p 和流速 V，可得：

$$C^+: \begin{cases} \dfrac{1}{A}\dfrac{dQ}{dt} + \dfrac{g}{a}\dfrac{dH}{dt} + g\sin\theta + \dfrac{1}{A^2}\dfrac{\lambda Q|Q|}{2D} = 0 \\ \dfrac{dz}{dt} = a \end{cases} \quad (3-11)$$

$$C^-: \begin{cases} \dfrac{1}{A}\dfrac{dQ}{dt} - \dfrac{g}{a}\dfrac{dH}{dt} + g\sin\theta + \dfrac{1}{A^2}\dfrac{\lambda Q|Q|}{2D} = 0 \\ \dfrac{dz}{dt} = -a \end{cases} \quad (3-12)$$

式中　A——管道流通截面积，m^2；

Q——体积流量，m^3/s；

H——压力水头，$H = p/(\rho g)$，m。

这样便将描述管内瞬变流动的偏微分方程组转化成了沿特征线方向成立的3个常微分方程，可大大简化瞬变流动的求解过程。

3.1.2.1　水力特征方程数值求解格式

联立式（3-11）、式（3-12）可求解水力瞬变参数。简便起见，数值求解时通常固定空间步长 Δz_1 和时间步长 Δt_1 中的一个，根据特征线关系确定另一个，从而确保所有网格节点均满足 $\Delta z_1 = a \cdot \Delta t_1$ 的关系。实施时，由于瞬变过程中各节点压力波速 a 不一，统一步长后往往难以保证特征线两端均位于网格节点上，

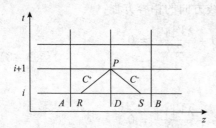

图 3-1 水力特征线内插示意图

因此需要采用内插法处理。水力特征线的内插示意图如图 3-1 所示。其中 i、$i+1$ 为相邻两个时间层，A、D、B 为同一时间层上三个相邻的空间计算节点，P 点为待求节点，R、S 为内插点，即水力特征线与轴向交点，其参数可由相邻的两个计算节点插值得到，如式（3-13）、式（3-14）所示。

$$\begin{cases} Q_R = Q_D - \dfrac{a_R \Delta t_1}{\Delta z_1}(Q_D - Q_A) \\ H_R = H_D - \dfrac{a_R \Delta t_1}{\Delta z_1}(H_D - H_A) \end{cases} \quad (3-13)$$

$$\begin{cases} Q_S = Q_D + \dfrac{a_S \Delta t_1}{\Delta z_1}(Q_B - Q_D) \\ H_S = H_D + \dfrac{a_S \Delta t_1}{\Delta z_1}(H_B - H_D) \end{cases} \quad (3-14)$$

分别沿 $C^+(RP)$、$C^-(SP)$ 积分式（3-11）和积分式（3-12），可得到水力特征方程的差分格式如下所示：

$$C^+: \dfrac{1}{A}(Q_P - Q_R) + \dfrac{g}{a_R}(H_P - H_R) + g\sin\theta \Delta t_1 + \dfrac{1}{A^2}\dfrac{\lambda_R |Q_R| Q_P}{2D}\Delta t_1 = 0 \quad (3-15)$$

$$C^-: \dfrac{1}{A}(Q_P - Q_S) - \dfrac{g}{a_S}(H_P - H_S) + g\sin\theta \Delta t_1 + \dfrac{1}{A^2}\dfrac{\lambda_S |Q_S| Q_P}{2D}\Delta t_1 = 0 \quad (3-16)$$

整理后有：

$$C^+: H_P = C_R - B_R Q_P \quad (3-17)$$

$$C^-: H_P = C_S + B_S Q_P \quad (3-18)$$

其中，

$$\begin{cases} C_R = H_R + \dfrac{a_R}{gA} Q_R - a_R \sin\theta_{RP} \Delta t_1 \\ B_R = \dfrac{a_R}{gA} + \dfrac{a_R \lambda_R |Q_R|}{2gDA^2}\Delta t_1 \end{cases} \quad (3-19)$$

$$\begin{cases} C_S = H_S - \dfrac{a_S}{gA}Q_S - a_S\sin\theta_{SP}\Delta t_1 \\ B_S = \dfrac{a_S}{gA} + \dfrac{a_S\lambda_S|Q_S|}{2gDA^2}\Delta t_1 \end{cases} \quad (3-20)$$

C_R、C_S 中的 $\sin\theta$ 项又可以表示成两个计算节点之间的高程差：

$$\begin{cases} a_R\sin\theta_{RP}\Delta t = \sin\theta_{RP}(z_P - z_R) = Y_P - Y_R \\ a_S\sin\theta_{SP}\Delta t = \sin\theta_{SP}(z_P - z_S) = Y_P - Y_S \end{cases} \quad (3-21)$$

联立求解，可得：

$$H_P = \frac{C_R B_S + C_S B_R}{B_R + B_S} \quad (3-22)$$

$$Q_P = \frac{C_R - C_S}{B_R + B_S} \quad (3-23)$$

式中　Δz_1——空间步长，m；

Δt_1——时间步长，s；

z——距离起点长度，m；

Y——高程，m。

下标 A、D、B、R、S、P 表示相应点。

3.1.2.2　热力特征方程数值求解格式

同样采用间距内插法处理热力特征方程，内插关系如图 3-2 所示。沿特征线 C 方向对式（3-10）积分可得热力特征方程的差分格式如式（3-25）所示。

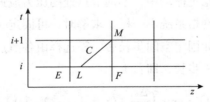

图 3-2　热力特征线内插示意图

$$T_L = T_F + \frac{V_L\Delta t_2}{\Delta z_2}(T_E - T_F) \quad (3-24)$$

$$C: c_p(T_M - T_L) - \frac{T_M + T_L}{2}g\beta(H_M - H_L) - \frac{1}{A^3}\frac{\lambda Q_L Q_M|Q_L + Q_M|}{4D}\Delta t_2 + \int_i^{i+1}\frac{4q}{D\rho}dt = 0$$

$$(3-25)$$

由积分中值定理可知，有 $\int_i^{i+1}\dfrac{4q}{D\rho}dt = \dfrac{4q(z,t)}{D\rho}\Delta t_2$。同时考虑到能量方程中为

热力学温度,将其转换为常用的摄氏度。由此可推导得到流体温度计算公式为:

$$T_M = \frac{c_p T_L + (273.15 + 0.5 \times T_L) g\beta(H_M - H_L) + \dfrac{\lambda Q_L Q_M |Q_L + Q_M| \Delta t_2}{4DA^3} - \dfrac{4q(z,t)}{D\rho}\Delta t_2}{c_p + 0.5 g\beta(H_M - H_L)}$$

(3-26)

上述式中,Δz_2、Δt_2 分别为求解热力特征方程时的空间和时间步长。下标 E、F、L、M 表示相应节点。求解过程中,c_p、β、λ 等参数计算采用 EF 段管段的平均温度。

3.1.3 网格的划分

为保证数值求解的稳定性和收敛性,同时确保内插点不会落在单位空间步长外部,每个网格节点上的空间和时间步长都应满足:

$$\Delta t_{1i} \leqslant \frac{\Delta z_{1i}}{a_i}(i = 1,\cdots,N_1 + 1) \tag{3-27}$$

$$\Delta t_{2i} \leqslant \frac{\Delta z_{2i}}{V_i}(i = 1,\cdots,N_2 + 1) \tag{3-28}$$

其中,N_1、N_2 分别表示水力和热力计算时划分的管段数;下标 i 表示第 i 个节点;Δz_{1i}、Δt_{1i}、a_i 分别为水力特征方程的空间步长、对应的时间步长以及压力波速;Δz_{2i}、Δt_{2i}、V_i 分别为热力特征方程的空间步长、对应的时间步长以及流速。

上文已经阐明,不稳定流动中,不同节点处的压力波速 a 和流速 V 不同,故由不同节点计算得到的网格系统不一样。求解时,可固定一个步长,取另一个步长的最大或最小值。例如固定空间步长后,需选择由各节点计算的时间步长的最小值作为时间推进的统一步长,即:

$$\Delta t_1 = \min\left(\frac{\Delta z_1}{a_i}\right)(i = 1,\cdots,N_1 + 1) \tag{3-29}$$

$$\Delta t_2 = \min\left(\frac{\Delta z_2}{V_i}\right)(i = 1,\cdots,N_2 + 1) \tag{3-30}$$

3.1.4 边界条件的处理

3.1.4.1 边界条件个数的确定

式(3-22)、式(3-23)、式(3-26)推导得到的压力、流速、温度求解格式只能应用于网格内各点的数值计算,而网格边界上的点需要进行特别处理。

边界条件的处理是数值模拟中一项非常重要的工作。边界上的计算误差会在整个流域内传播。因此即便数学模型的离散格式精度再高，如果边界条件处理不当，其产生的误差极可能引起计算不稳定。

边界条件的处理是数值计算中一项非常重要的工作。边界上给定的流动参数既不能过多也不能过少。关于管流计算中所需的边界条件个数，可以结合特征线和流线方向确定。由流体力学知识可知，对于即将求解的一维无黏非定常流动模型来讲，其控制方程为双曲型，流场中任意一点都有向左和向右两条特征线。如果特征线向求解区域外传播，则允许边界处有一个浮动的流动参数；如果特征线向求解区域内传播，则边界上必须给定一个相关流动参数。利用流线方向确定边界上是否需要给定流动参数的方法与上述思路类似：如果边界处有流线向求解区域内流动，则需要给定一个相关流动参数；反之允许有浮动的流动参数。管流入口和出口边界上特征线以及流线运动方向如图3-3所示。

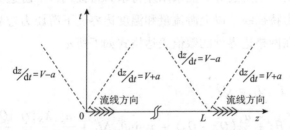

图3-3 管流入口和出口边界条件确定示意图

应用上述原理可知，对于管道入口边界而言，左行特征线向管道外运动，右行特征线和流线向管道内运动，因此管道入口边界至少需要给定两个流动参数，允许有一个流动参数浮动；对于管道出口边界而言，左行特征线向管道内运动，右行特征线和流线向管道外运动，因此必须至少给定一个边界流动参数，允许有两个浮动边界流动参数。

上述方法对于确定气体和液体流动均适用。对于流经特殊结构（如喷管等）的气体，可能出现超音速情况，特征线方向会发生变化，边界条件的设定将是另一种情况。

3.1.4.2 边界条件的处理方法

数值求解时，边界上的计算误差会在整个流域内传播。因此即便数学模型的离散格式精度再高，如果边界条件处理不当，其产生的误差极可能引起计算不稳定。Chaudhry 和 Hussaini 指出，采用特征线法处理边界条件，不会给计算带来较大误差。

在网格上表示边界处特征线如图3-4所示。其中，1、2、N_1、N_1+1、N_2、N_2+1表示空间步长上的节点，i、$i+1$为时间步长上相邻的两层，PS、PR、ML分别为水力特征线和热力特征线，S、R为水力特征线与轴向交点，L为热力特征线与管道轴向的交点。

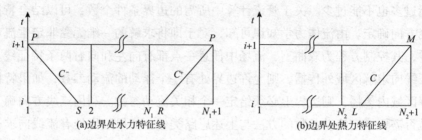

(a)边界处水力特征线　　　　　　(b)边界处热力特征线

图3-4　上下游边界特征线示意图

从图中可看出，上游边界只能采用左行水力特征线，下游边界能够采用右行水力特征线和热力特征线。以上游流量和温度边界、下游压力边界为例，通过推导可得边界参数在网格边界处的数值表达格式如下所示。

上游边界：

$$\begin{cases} T_1 = T_r, Q_1 = Q_r \\ H_1 = H_S + \dfrac{a_S}{gA}(Q_1 - Q_S) + a_S \sin\theta_{1S}\Delta t_1 + \dfrac{a_S}{gA^2}\dfrac{\lambda_S|Q_S|Q_1}{2D}\Delta t_1 \end{cases}$$

(3-31)

式中，下标表示计算节点；r表示"入口"。

下游边界：

$$\begin{cases} H_{N_1+1} = H_{N_2+1} = \text{Constant} \\ Q_{N_1+1} = \dfrac{Q_R - \dfrac{gA}{a_R}(H_{N_1+1} - H_R) - gA\sin\theta\Delta t_1}{\left(1 + \dfrac{\lambda_R|Q_R|\Delta t_1}{2DA}\right)} \\ T_{N_2+1} = \dfrac{c_p T_L + (273.15 + 0.5 \times T_L)g\beta(H_{N_2+1} - H_L) + \dfrac{\lambda Q_L Q_{N_2+1}|Q_L + Q_{N_2+1}|\Delta t_2}{4DA^3} - \dfrac{4q(z,t)}{D\rho}\Delta t_2}{c_p + 0.5g\beta(H_{N_2+1} - H_L)} \end{cases}$$

(3-32)

3.1.5　瞬态流动的热力-水力耦合算法

由水力和热力特征方程的分析可知，管道流动过程中，水力参数和热力参数的传播速度不同。水力参数以压力波速传播,而热力参数以流速传播,前者远远大于后者。因此利用双特征线法求解管流的热力-水力瞬变模型时,有必要对热力和水力模型采用不同网格系统进行离散。数值求解热力-水力耦合模型的详细过程可参见相关文献,在此简述如下:

(1) 初定水力特征方程时间步长 Δt_1,根据 $\Delta z_1 = \max(a_i \cdot \Delta t_1)(i=1,\cdots,N_1+1)$ 确定水力空间步长,由 $N_1 = L/\Delta z_1$ 划分管段数,圆整 N_1 后反算得到水力特征方程的空间步长 Δz_1 和时间步长 Δt_1 以及 N_1+1 个水力计算节点位置;

(2) 初定热力特征方程时间步长 Δt_2,根据 $\Delta z_2 = \max(V_i \cdot \Delta t_2)(i=1,\cdots,N_2+1)$ 确定热力空间步长,由 $N_2 = L/\Delta z_2$ 划分管段数,圆整 N_2 后反算得到热力特征方程的空间步长 Δz_2 和时间步长 Δt_2 以及 N_2+1 个热力计算节点位置;

(3) $t=0$ 时,分别计算上述两种网格系统中各计算节点的流速、压力、温度初始值;

(4) 取热力特征方程的时间步长 $\Delta t_2 = k\Delta t_1$,在 $[0, \Delta t_2]$ 范围内,根据 t 时层 N_1+1 个节点上的流动参数值,只求解水力特征方程,最终得到 $t=\Delta t_2$ 时间层上 N_1+1 个计算节点的流量、压力值,插值得到该时层 N_2+1 个计算节点上的流量、压力值。在此过程中,温度始终采用初始值;

(5) $t=\Delta t_2$ 时,根据初始时刻和 $t=\Delta t_2$ 时间层上 N_2+1 个计算节点的压力、流量值,求解热力特征方程,确定 $t=\Delta t_2$ 时间层上各节点温度值,插值后可得该层 N_1+1 个水力计算节点的温度分布,根据求得的温度分布计算相关物性参数,并代入到下一个 Δt_2 时间段内的水力计算中;

(6) 重复步骤(4)和(5),直至模拟过程结束。

3.2 隐式法

运用特征线法可以较方便得到瞬变流动方程和各种边界条件的显示求解格式,便于程序编制。然而,受制于稳定条件的约束限制,时间步长只能取得很小。如果仿真过程较长,则需要消耗很长的计算时间。隐式法(Implicit Method)在计算步长方面提供了方便,使得能够选取较大的时间步长,可减少计算次数和时间。

3.2.1 隐式法差分方程

管道瞬变流动方程式(2-27)~式(2-29)可改写成如下形式:

$$\frac{\partial p}{\partial t} + V\frac{\partial p}{\partial z} + \rho a^2 \frac{\partial V}{\partial z} = 0 \quad (3-33)$$

$$\frac{\partial V}{\partial t} + V\frac{\partial V}{\partial Z} + \frac{1}{\rho}\frac{\partial p}{\partial Z} + g\sin\theta + \frac{\lambda V|V|}{2D} = 0 \quad (3-34)$$

$$\rho c\left(\frac{\partial T}{\partial t} + V\frac{\partial T}{\partial z}\right) - T\beta\left(\frac{\partial p}{\partial t} + V\frac{\partial p}{\partial z}\right) - \frac{\rho\lambda V^3}{2D} + \frac{4K(T-T_s)}{D} = 0 \quad (3-35)$$

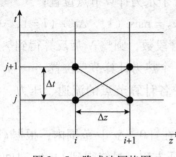

图 3-5 隐式法网格图

图 3-5 为由管长（z）和时间（t）组成的网格图。横坐标表示管道长度，以空间步长 Δz 划分；纵坐标表示时间，以时间步长 Δt 划分。对每一个网格节点，用下标表示空间层，上标表示时间层。

隐式法是采用中心有限差分格式，将式（3-33）~式（3-35）以有限差分形式应用于位居四点网格中心的点上，即

$$\frac{\partial p}{\partial t} = \frac{p_i^{j+1} + p_{i+1}^{j+1} - p_i^j - p_{i+1}^j}{2\Delta t} \quad (3-36)$$

$$\frac{\partial p}{\partial z} = \frac{p_{i+1}^j + p_{i+1}^{j+1} - p_i^j - p_i^{j+1}}{2\Delta z} \quad (3-37)$$

$$\frac{\partial V}{\partial t} = \frac{V_i^{j+1} + V_{i+1}^{j+1} - V_i^j - V_{i+1}^j}{2\Delta t} \quad (3-38)$$

$$\frac{\partial V}{\partial z} = \frac{V_{i+1}^j + V_{i+1}^{j+1} - V_i^j - V_i^{j+1}}{2\Delta z} \quad (3-39)$$

$$\frac{\partial T}{\partial t} = \frac{T_i^{j+1} + T_{i+1}^{j+1} - T_i^j - T_{i+1}^j}{2\Delta t} \quad (3-40)$$

$$\frac{\partial T}{\partial z} = \frac{T_{i+1}^j + T_{i+1}^{j+1} - T_i^j - T_i^{j+1}}{2\Delta z} \quad (3-41)$$

因此，式（3-33）~式（3-35）的差分格式分别为：

$$\frac{p_i^{j+1} + p_{i+1}^{j+1} - p_i^j - p_{i+1}^j}{\Delta t} + \tilde{V}\frac{p_{i+1}^j + p_{i+1}^{j+1} - p_i^j - p_i^{j+1}}{\Delta z} + \tilde{\rho}a^2\frac{V_{i+1}^j + V_{i+1}^{j+1} - V_i^j - V_i^{j+1}}{\Delta z} = 0 \quad (3-42)$$

$$\frac{V_i^{j+1} + V_{i+1}^{j+1} - V_i^j - V_{i+1}^j}{\Delta t} + \tilde{V}\frac{V_{i+1}^j + V_{i+1}^{j+1} - V_i^j - V_i^{j+1}}{\Delta z} +$$

$$\frac{1}{\tilde{p}}\frac{p_{i+1}^j + p_{i+1}^{j+1} - p_i^j - p_i^{j+1}}{\Delta z} + 2g\sin\theta + \frac{\lambda\tilde{V}|\tilde{V}|}{D} = 0 \quad (3-43)$$

$$\tilde{\rho}c\left(\frac{T_i^{j+1}+T_{i+1}^{j+1}-T_i^j-T_{i+1}^j}{\Delta t}+\tilde{V}\frac{T_{i+1}^j+T_{i+1}^{j+1}-T_i^j-T_i^{j+1}}{\Delta z}\right)+$$

$$\tilde{T}\beta\left(\frac{p_i^{j+1}+p_{i+1}^{j+1}-p_i^j-p_{i+1}^j}{\Delta t}+\tilde{V}\frac{p_{i+1}^j+p_{i+1}^{j+1}-p_i^j-p_i^{j+1}}{\Delta z}\right)- \quad (3-44)$$

$$\frac{\lambda\tilde{\rho}\tilde{V}^3}{D}+\frac{8K(\tilde{T}-T_s)}{D}=0$$

其中

$$\tilde{\rho}=\frac{\rho_i^j+\rho_{i+1}^j+\rho_i^{j+1}+\rho_{i+1}^{j+1}}{4} \quad (3-45)$$

$$\tilde{V}=\frac{V_i^j+V_{i+1}^j+V_i^{j+1}+V_{i+1}^{j+1}}{4} \quad (3-46)$$

$$\tilde{T}=\frac{T_i^j+T_{i+1}^j+T_i^{j+1}+T_{i+1}^{j+1}}{4} \quad (3-47)$$

对管道系统中的每个管段，可写出类似式（3-43）~式（3-44）的一组方程组。其中，ρ 是 p 和 T 的函数。这样，每个空间步长管段包括了6个未知量（V_i^{j+1}、V_{i+1}^{j+1}、p_i^{j+1}、p_{i+1}^{j+1}、T_i^{j+1}、T_{i+1}^{j+1}）的3个方程。为了求解各时间步长上的所有未知量，必须联立该管段上的所有方程。同时还要考虑边界条件，使差分方程和边界条件构成封闭的方程组。

3.2.2 方程组的封闭性

以一条简单管道（一个入口、一个出口）为例，将管道划分为 N 等分，则共有 $N+1$ 个剖分面。每个剖分面有3个未知量（温度、压力、流量），共有 $3(N+1)$ 个待求参数。

每一个剖分单元可建立一对方程组（3-43）~（3-44），共 N 段可组成 $3N$ 个方程。为使方程组封闭，需要提供3个边界条件。可提供管道首末端压力或流量以及起点温度，使方程组封闭。

3.2.3 非线性方程组求解

为方便分析，式（3-43）、式（3-44）可写成下列形式：

$$f_1(p_i^{j+1},p_{i+1}^{j+1},V_i^{j+1},V_{i+1}^{j+1},T_i^{j+1},T_{i+1}^{j+1})=0 \quad (3-48)$$

$$f_2(p_i^{j+1},p_{i+1}^{j+1},V_i^{j+1},V_{i+1}^{j+1},T_i^{j+1},T_{i+1}^{j+1})=0 \quad (3-49)$$

$$f_3(p_i^{j+1},p_{i+1}^{j+1},V_i^{j+1},V_{i+1}^{j+1},T_i^{j+1},T_{i+1}^{j+1})=0 \quad (3-50)$$

式中，p_i^{j+1}、p_{i+1}^{j+1}、V_i^{j+1}、V_{i+1}^{j+1}、T_i^{j+1}、T_{i+1}^{j+1} 为待求时间层 $j+1$ 上的 6 个未知量。当添加边界条件后，由各网格点方程和边界条件可组成一组求解该时层未知量的封闭方程组。

由于该方程组是非线性的，可采用牛顿－拉夫逊法进行求解。对全部管道剖分面上的变量统一编号，待求变量以向量 X 表示，增量为 ΔX，各方程用 F 表示。根据牛顿－拉夫逊法原理，迭代方程组可表示为：

$$J(X)\Delta X = F \tag{3-51}$$

式中　ΔX——修正向量；

　　　F——函数向量；

　$J(X)$——雅可比矩阵。

对划分了 N 段的管段而言，雅可比矩阵中，行数为 $3N$（即方程数）。列数为未知量数，共 $3(N+1)$ 个。通过添加 3 个边界条件，使未知量数＝方程数＝$3N$。此时，雅可比矩阵中无相应偏导数列。以管道入口流量和温度边界，出口压力边界为例，雅可比矩阵中无 $\dfrac{\partial f_n}{\partial V_1}$、$\dfrac{\partial f_n}{\partial T_1}$、$\dfrac{\partial f_n}{\partial p_{N+1}}$（$n=1,2,\cdots,3N$）三列。

$$J(X) = \begin{bmatrix} \dfrac{\partial f_1}{\partial p_1} & \dfrac{\partial f_1}{\partial V_2} & \dfrac{\partial f_1}{\partial p_2} & \dfrac{\partial f_1}{\partial T_2} & \cdots & \cdots & \dfrac{\partial f_1}{\partial T_N} & \dfrac{\partial f_1}{\partial V_{N+1}} & \dfrac{\partial f_1}{\partial T_{N+1}} \\ \dfrac{\partial f_2}{\partial p_1} & \dfrac{\partial f_2}{\partial V_2} & \dfrac{\partial f_2}{\partial p_2} & \dfrac{\partial f_2}{\partial T_2} & \cdots & \cdots & \dfrac{\partial f_2}{\partial T_N} & \dfrac{\partial f_2}{\partial V_{N+1}} & \dfrac{\partial f_2}{\partial T_{N+1}} \\ \dfrac{\partial f_3}{\partial p_1} & \dfrac{\partial f_3}{\partial V_2} & \dfrac{\partial f_3}{\partial p_2} & \dfrac{\partial f_3}{\partial T_2} & \cdots & \cdots & \dfrac{\partial f_3}{\partial T_N} & \dfrac{\partial f_3}{\partial V_{N+1}} & \dfrac{\partial f_3}{\partial T_{N+1}} \\ \cdots & \cdots & \cdots & \cdots & \cdots & \cdots & \cdots & \cdots & \cdots \\ \cdots & \cdots & \cdots & \cdots & \cdots & \cdots & \cdots & \cdots & \cdots \\ \dfrac{\partial f_{3N}}{\partial p_1} & \dfrac{\partial f_{3N}}{\partial V_2} & \dfrac{\partial f_{3N}}{\partial p_2} & \dfrac{\partial f_{3N}}{\partial T_2} & \cdots & \cdots & \dfrac{\partial f_{3N}}{\partial T_N} & \dfrac{\partial f_{3N}}{\partial V_{N+1}} & \dfrac{\partial f_{3N}}{\partial T_{N+1}} \end{bmatrix}$$

$$\tag{3-52}$$

式（3-51）中未知向量　　　$\Delta X = (\Delta x_1, \Delta x_2, \cdots, \Delta x_{3N})^T \tag{3-53}$

式（3-51）中右端向量　　　$F(X) = [f_1(X), f_2(X), \cdots, f_{3N}(X)]^T$

$$\tag{3-54}$$

若 $\det J[X^{(0)}] \neq 0$，则方程组有唯一解。求得第一次迭代解向量 $\Delta X^{(0)}$ 后，可算出迭代变量

$$x_i^{(1)} = x_i^{(0)} + \Delta x_i^{(0)} \quad (i=1,2,\cdots,3N) \tag{3-55}$$

求解时，若迭代初值不合适，可采用阻尼因子 β。

方程组（3-51）的通解可表示为：

$$X^{(k+1)} = X^{(k)} + J^{-1}[X^{(k)}]X[X^{(k)}] \quad (k = 0, 1, \cdots) \quad (3-56)$$

迭代求解步骤如图 3-6 所示。

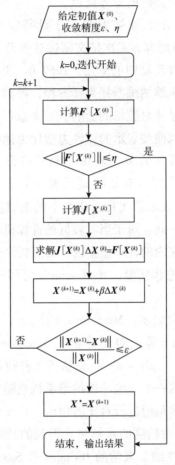

图 3-6 隐式法迭代求解思路

3.3 MacCormack 法

3.3.1 MacCormack 在国内外仿真中的应用

1969 年，美国国家航空宇航局艾姆斯研究中心科学家 Robert W. MacCormack 提出了具有时间和空间二阶精度的新型偏微分方程数值求解格式及其稳定性条件，该格式被后续研究人员命名为"MacCormack 有限差分格式"。常用的 MacCormack 格式由预测和校正两步组成，具有四阶耗散和三阶频散，广泛用于求解可压缩和不可压缩流体非定常流动。同时，该离散格式具有格式简单、便于程序实现、占用电脑内存少、计算时间短等优点。

MacCormack 格式自提出起就被大量用于计算空气动力学研究中，Robert W. MacCormack 进行了大量研究，多次撰文阐述这种差分格式及其改进格式在求解非定常可压缩高流速黏性流动中的应用。1969 年，Robert W. MacCormack 采用提出的格式求解非定常可压缩纳维斯托克斯方程，得到了高速气流影响下的轴对称流场，以及黏度、气缸尺寸对流场的影响。后来意识到，求解高速下空气动力学问题的障碍根源在于由双曲型表示的惯性力项比由抛物型表示的黏性力项要大得多。因此对求解层流边界层的 MacCormack 格式进行了改进，将控制方程分割成双曲型和抛物型两部分，建立起新的显示 MacCormack 差分格式。实践证明，改进后的 MacCormack 格式在求解飞行雷诺数下的纳维斯托克斯方程时不但结果精确，更可显著缩短计算时间。对于当时较低的计算机硬件水平而言，这个格式使得求解包括飞行器运动在内的许多重要的三维高雷诺数流场成为可能。研究同时表明，只要经过适当改进和变形，MacCormack 可用于求解更多的双曲型偏微分方程。

多位研究人员通过研究表明，MacCormack 格式与其他离散方法相比具有明显的优越性。1987 年，Leer 等人对比分析了 MacCormack 法、Roe 法、Harten-Lax/Roe 法、Van Leer 法、Steger – Warming 法等 7 种数值解法在求解纳维斯托克斯方程中的应用。对具体的一个一维圆锥纳维斯托克斯方程，采用上述 7 种数值求解格式求解，并与实验测量值进行对比后指出，只要调整得当，采用二阶精度的 MacCormack 法比部分三阶精度的求解格式得到的结果更好，且对网格数的要求更低。1990 年，美国科罗纳多大学的 Biringen 和 Saati 探讨了多种高精度有限差分方法在求解黏性和非黏性流动中的应用。以求解了一维波浪传播问题、激波管问题以及一维黏性 Burger 方程为例，研究采用 MacCormack、Warming-Kutler-Lomax、Two-Four 方法在求解过程中的耗散误差和频散误差，并提出误差修正方案。结果表明：MacCormack 法和 Two-Four 法处理上述不连续的黏性流动问题时，求解精度依赖于 Courant 数的选择。通量修正后的 MacCormack 法和 Two-Four 法在求解不连续的激波管问题以及黏性 Burger 方程时能将频散误差降至最低水平。

MacCormack 格式被国外多个领域的研究人员广泛采用，并根据相关领域的特征进行针对性的改进。1982 年，G. D. van Albada 将 MacCormack 格式运用到星系气体动力学求解中，针对其格式本质上存在微小耗散的情况，添加显示平滑项来控制求解宇宙流动过程中的非线性不稳定性。1996～2000年间，美国国家航空宇航局推进计算力学研究所的Hixon根据多年应用MacCormack法求解空气动力学的实践，结合龙格库塔法，先后变形得到了一系列精度更高、计算耗时更短、适用性更强的显示和隐式MacCormack数值求解方法。从低阶到高阶，从显示格式到隐式紧致格式，Hixon推导得到的MacCormack变形求解格式的优势在求解线性和非线性计算气动声学基本问题过程中得以逐步显现。1998年，Samin Anghaie和Gary Chen建立了气体堆芯反应堆和超高温气冷反应堆的传热、流动的纳维斯托克斯方程，采用MacCormack有限差分格式和高斯-塞德尔迭代法求解，得到了上述轴对称薄层纳维斯托克斯方程的解。1999年，David F. Griffiths推导得到了对流反应方程的MacCormack求解格式。2003年，中国科学技术大学陆全明教授运用MacCormack格式求解了铝质靶材受高能量纳秒脉冲激光烧蚀过程中的相爆炸热力过程，研究了激光离子对相爆炸的影响作用。2008年，Andrew Selle等人将半拉格朗日法应用到MacCormack法的每步运算中，构造出无条件稳定的MacCormack格式，其计算精度在求解波动方程的过程中得以证明。结果表明：这种无条件稳定的MacCormack算法与三步BFECC格式具有相同的计算精度，但是能节省50%计算时间。

除上述研究外，国外学者采用MacCormack格式所研究的领域还集中在传热、地震地区管道应力、地表流动以及管内气液流动计算等方面。

鉴于MacCormack法可用于数值求解双曲型流动方程，1986年Glass等人采用MacCormack格式求解经变化后的双曲型热传导方程，对第一类边界、第三类边界以及脉冲式热流密度边界的传热问题都进行了求解，并与应用Crank-Nicolson求解的抛物型热传导方程求解结果进行对比，证明了MacCormack法在求解热传导问题中的适用性：MacCormack法能够用于研究由于物质热物性发生变化而引起固体温度场发生变化的瞬态过程。2008年，Malinowski和Bielski采用隐式MacCormack格式求解了换热器内流体稳态和瞬态温度场，探索了换热管材料热容和轴向热传导对三流体顺流换热器内温度场分布的影响。

为了研究地震引起的管道和周围土壤之间的应力状态，2006年，G. De Martino等在将土壤视为温克勒弹性介质的基础上，提出了埋地连续管道的动态应力数值求解方法。该方法是将土壤-管道应力耦合数学模型简化变形，最终借用MacCormack预估-校正格式求解，该数值求解方法便于研究不同管道长度和两段束缚方式的情况。随后，V. Corrado等采用MacCormack格式对两段固定的埋地管道在地震区域的应力状况进行了数值模拟，并与采用隐式Crank-Nicolson法和CFL格式的计算值进行了对比。

1996年，H. Amokrane和J. P. Villeneuve基于MacCormack格式提出了液态水在未饱和土壤中的一维绝热瞬态运动数值求解程序，可以模拟液态水的析出、汽化以及由植物根吸收蒸发而使得土壤中散失的水分。该程序同样适用于求解其他非线性土壤 - 水流动方程。

2000年，Fritz R. Fiedler和Jorge A. Ramirez求解了渗透表面非连续浅水流动过程，提出了小尺度、渗透量沿空间变化的二维坡面流的数值模拟方法。该方法采用分布法对传统MacCormack格式进行改进，以增大空间步长，并对水动力方程中的源项、摩擦坡度、对流加速项以及求解过程中的数值震荡现象都进行了相应的处理。结果表明：该数值求解方法可推广应用于灌溉、潮汐滩、湿地循环以及洪水等多种坡面流动的模拟。

2005年，Alhan等人分别采用MacCormack有限差分和四点隐式差分格式求解了坡面流的一维波动运动方程和波动扩散方程。结果表明：采用上述两种方法均可达到满意的精确度，前者在计算效率上更为出色。

2007年，Liang等人运用MacCormack格式求解浅水方程（Shallow Water Equation，简称SWE），在预测步引入五点对称TVD格式，对于守恒和非守恒型浅水方程，得到了相同的离散求解格式。数值求解格式可用于模拟假想和实验的水库溃败以及极端洪灾情况。

2009年，Asu Iana和Lale Bales结合改进后的MacCormack格式和高斯 - 塞德尔法建立了海岸扩展缓坡方程数值求解方法，并将该方法应用到土耳其马卡马拉海科贾埃利湾近岸区域的波浪求解。

早在20世纪90年代，国外就已经有文献阐述运用MacCormack格式求解管流问题。1990年，乔治亚理工学院Chaudhry教授采用MacCormack格式研究了气液均匀流管路中的瞬态压力波动情况。文中将低含气率或气液混合均匀管流作单一相处理，从而建立瞬态管流模型，并采用同时具有时间和空间二阶精度的MacCormack和Gabutti格式进行求解，借鉴特征线法处理边界条件。随后在一段长30.6m、内径为26mm的管段上实验模拟了气液两相均匀流动过程中阀门突然关闭引起的瞬时压力波动情况，验证了数学模型以及数值解法的正确性。

2002年，Albayrak建立了由压缩机、排气管道和其他过流元件组成的气体压缩系统数学模型，模拟了完整的气体压缩系统中流体流动状态。对于建立的一维黏性可压缩气体流动方程，Albayrak采用MacCormack有限差分格式求解，从而得到了排气管道长度和直径对压缩机喘振边界的影响。

2008年，Miguel Miura和Oleg Vinogradov采用MacCormack有限差分法求解了管道内湍流情况下的多分散体系气泡分布方程，得到了气泡数量随时间和位置的演变规律，探索了微重力条件下气泡初始聚集率对气泡变化的影响。

2010 年，Afzali 等人建立数学模型动态模拟研究了重型燃气轮机燃料气供应系统的启动、关车、紧急停车及负荷跟踪等瞬态过程。求解时，对供气系统中的直管段管流采用 MacCormack 法求解，在不同管道连接的边界处采用特征线法处理。

2014 年，Reza Moloudi 和 Javad Abolfazli Esfahani 基于欧拉方程，提出了用于研究破裂天然气管道泄漏量的准一维瞬态可压缩流动方程，采用显示 MacCormack 格式进行求解，探索了管道模型中不同无因次量对泄漏量的影响，指出相对压力、相对裂口尺寸以及摩擦力是影响事故管道泄漏量的最主要因素。

求解管路中的水击问题是 MacCormack 格式在管流问题中的一个重要运用。Chaudhry、Amara 等人先后采用这种具有二阶精度的有限差分格式对水击问题进行数值求解。1985 年，Chaudhry 和 Hussaini 采用 MacCormack 方法、特征线法和 Gabutti 法对同一段光滑管末端阀门突然关闭引起的水击现象进行了实验和数值模拟研究。对比分析上述几种方法的模拟结果后指出，在模拟精度相同的情况下，MacCormack 法较其他两种方法的优势在于耗时短、所需网格数少。

Amara 也模拟了一段类似的液体管道中由于末端阀门突然关闭引起的水击现象。在建立起粗糙管的水击模型后，Amara 构造了求解水击方程的 MacCormack 格式。为了提高计算的稳定性，Amara 对原有格式进行改造，添加人工黏性，并提出结合分割求解技术和龙格库塔法处理源项，降低数值求解过程中的误差。经过与未作处理的 MacCormack 格式求解结果、实际测量值进行对比分析可知，改造后的 MacCormack 求解方法精度更高，且没有耗散和频散误差，说明这种改造方法能更好地适用于管道瞬变流的研究。

20 世纪 70 年代起，就已经有国内学者采用 MacCormack 两步格式进行计算空气动力学的研究。1983 年，中国空气动力研究院的李松波研究员在多次运用 MacCormack 格式求解多种无黏流场的实践基础上，系统地概述了 MacCormack 格式的差分格式、耗散性、附加人工黏性项、激波的获取以及坐标系的选择等问题。赵文涛等采用 MacCormack 预估-校正格式模拟了液体火箭发动机内的复杂三维流场，并运用并行技术加速运算，缩短了程序运行时间。张为华等采用 MacCormack 格式求解了固体火箭发动机一维非定常气固两相流场，得到了喷管内各相参数变化规律。田辉等以二维 N-S 方程为基础，运用 MacCormack 格式求解了固液混合火箭发动机内的两相流场，研究了氧燃比和喷管形状对发动机性能的影响。杨道伟等采用气固耦合的纳维斯托克斯方程组作为控制方程，以 $k-\varepsilon$ 方程作为紊流模型，采用 MacCormack 差分格式求解得到了舰载导弹垂直发射后甲板附近的两相流场分布,为发射系统的防护设备提供了理论依据。

除在航空航天领域外,我国学者应用 MacCormack 算法求解武器发射的瞬态运动规律。

2000 年,张海波、郭永辉等采用改进后的 TVD 格式求解气相,采用 Mac-Cormack 格式求解液相,耦合模拟了气液两相爆轰过程及其冲击波的传播规律。2005 年,曹畅运用 MacCormack 格式求解了大口径火炮膛内瞬态气固两相流场,得到了火炮膛内温度和压力分布,为研究塑料药筒受力奠定了基础。

2007 年,管小荣和徐诚结合 MacCormack 和 TVD 格式求解气室方程,采用龙格库塔求解药室方程,通过活塞运动将二者耦合起来,建立了二级轻气泡发射过程的数学模型及其数值解法。结果显示,MacCormack 法的计算精度较高。2008 年,陈龙淼和钱林方考虑火炮身管膛内气流与管壁摩擦和热交换,建立了身管内壁可压缩瞬态边界层方程,运用 MacCormack 格式求解,得到了固体避免瞬态温度场,为复合材料身管的传热研究提供了理论支撑。后来,李海庆等又结合激光点火模型,运用 MacCormack 格式模拟了某型短管火炮激光点火过程,研究了膛内气固两相瞬态运动规律。

3.3.2 MacCormack 算法基本原理

MacCormack 格式由预测步和校正步两部分组成,其基本格式如下所示:

对于如下格式的守恒型偏微分方程:$\frac{\partial U}{\partial t} + \frac{\partial F}{\partial z} = H$

式中,U、F、H 为向量矩阵,对应于基本流动方程,即为:

$$U = \begin{bmatrix} \rho \\ \rho V \\ \rho\left(u + \frac{V^2}{2} + gs\right) \end{bmatrix}, F = \begin{bmatrix} \rho V \\ p + \rho V^2 \\ (\rho V)\left(h + \frac{V^2}{2} + gs\right) \end{bmatrix}, H = \begin{bmatrix} 0 \\ -\rho g \sin\theta - \frac{\lambda \rho V|V|}{2D} \\ -\frac{4q}{D} \end{bmatrix}$$

以下标 i 表示第 i 个空间节点,上标 n 表示第 n 个时间节点,MacCormack 标准格式可写成如下形式:

预测步: $\bar{U}_i^{n+1} = U_i^n - \Delta t \frac{F_{i+1}^n - F_i^n}{\Delta z} + \Delta t H_i^n$ (3-57)

校正步: $\bar{\bar{U}}_i^{n+1} = \bar{U}_i^{n+1} - \Delta t \frac{\bar{F}_i^{n+1} - \bar{F}_{i-1}^{n+1}}{\Delta z} + \Delta t \bar{H}_i^{n+1}$ (3-58)

最终值: $U_i^{n+1} = \frac{1}{2}(\bar{U}_i^n + \bar{\bar{U}}_i^{n+1})$ (3-59)

式中　$\bar{U}$、$\bar{F}$、$\bar{H}$——矩阵 U、F、H 在相应位置和时刻的预测值；

$\bar{\bar{U}}_i^{n+1}$——U 在空间 i 节点、$n+1$ 时刻的校正值；

U_i^{n+1}——由预测值和校正值得到的 $n+1$ 时刻的最终值。

上述格式求解时，在空间处理上预测步采用向前差分、校正步采用向后差分。也可以采用预测步向后差分、校正步向前差分的格式求解，如图 3-7 所示，可以得到相同的精度，其格式可以表征如下：

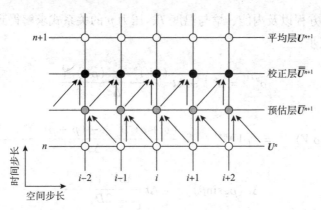

图 3-7　MacCormack 计算过程

预测步：
$$\bar{U}_i^{n+1} = U_i^n - \Delta t \frac{F_i^n - F_{i-1}^n}{\Delta z} + \Delta t \, H_i^n \tag{3-60}$$

校正步：
$$\bar{\bar{U}}_i^{n+1} = \bar{U}_i^{n+1} - \Delta t \frac{\bar{F}_{i+1}^{n+1} - \bar{F}_i^{n+1}}{\Delta z} + \Delta t \, \bar{H}_i^{n+1} \tag{3-61}$$

最终值：
$$U_i^{n+1} = \frac{1}{2}(U_i^n + \bar{\bar{U}}_i^{n+1}) \tag{3-62}$$

F、H 校正值 $\bar{F}$、$\bar{H}$ 由 $\bar{U}$ 计算得到。为了进一步说明 MacCormack 方法，现将管流基本方程按照预测步前插、校正步后插的形式表示，已知第 n 时间层空间上所有节点参数，根据 MacCormack 格式求解 $n+1$ 时间层参数基本流程如下所示：

（1）预测步：

$$\bar{\rho}_i^{n+1} = \rho_i^n - \Delta t \frac{(\rho V)_{i+1}^n - (\rho V)_i^n}{\Delta z} \tag{3-63}$$

$$(\bar{\rho V})_i^{n+1} = (\rho V)_i^n - \Delta t \frac{(p + \rho V^2)_{i+1}^n - (p + \rho V^2)_i^n}{\Delta z} -$$

$$\Delta t \, (\rho g \sin\theta)_i^n - \Delta t \frac{(\lambda \rho V |V|)_i^n}{2D} \Rightarrow \bar{V}_i^{n+1} = \frac{(\bar{\rho V})_i^{n+1}}{\bar{\rho}_i^{n+1}} \tag{3-64}$$

$$(\bar{\rho}\bar{u} + 0.5\bar{\rho}\bar{V}^2)_i^{n+1} = (\rho u + 0.5\rho V^2)_i^n -$$

$$\Delta t \frac{[(\rho V)(h + 0.5V^2 + gs)]_{i+1}^n - [(\rho V)(h + 0.5V^2 + gs)]_i^n}{\Delta z} - \frac{4q(x,t)}{D}$$

$$\Rightarrow \bar{u}_i^{n+1} = \frac{1}{\bar{\rho}_i^{n+1}}[(\bar{\rho}\bar{u} + 0.5\bar{\rho}\bar{V}^2)_i^{n+1} - (0.5\bar{\rho}\bar{V}^2)_i^{n+1}]$$

(3-65)

利用状态方程以及内能、焓与温度 T、压力 p 的关系式求解得到 $\bar{T}_i^{n+1}$、$\bar{p}_i^{n+1}$。

(2) 校正步：

$$\bar{\bar{\rho}}_i^{n+1} = \bar{\rho}_i^{n+1} - \Delta t \frac{(\bar{\rho}\bar{V})_i^{n+1} - (\bar{\rho}\bar{V})_{i-1}^{n+1}}{\Delta z} \quad (3-66)$$

$$(\bar{\bar{\rho}}\bar{\bar{V}})_i^{n+1} = (\bar{\rho}\bar{V})_i^{n+1} - \Delta t \frac{(\bar{p} + \bar{\rho}\bar{V}^2)_i^{n+1} - (\bar{p} + \bar{\rho}\bar{V}^2)_{i-1}^{n+1}}{\Delta z} -$$

$$\Delta t (\bar{\rho}g\sin\theta)_i^{n+1} - \Delta t \frac{(\lambda\bar{\rho}\bar{V}|\bar{V}|)_i^{n+1}}{2D} \quad (3-67)$$

$$\Rightarrow \bar{\bar{V}}_i^{n+1} = \frac{(\bar{\bar{\rho}}\bar{\bar{V}})_i^{n+1}}{\bar{\bar{\rho}}_i^{n+1}}$$

$$(\bar{\bar{\rho}}\bar{\bar{u}} + 0.5\bar{\bar{\rho}}\bar{\bar{V}}^2)_i^{n+1} = (\bar{\rho}\bar{u} + 0.5\bar{\rho}\bar{V}^2)_i^{n+1} -$$

$$\Delta t \frac{[(\bar{\rho}\bar{V})(\bar{h} + 0.5\bar{V}^2 + gs)]_i^{n+1} - [(\bar{\rho}\bar{V})(\bar{h} + 0.5\bar{V}^2 + gs)]_{i-1}^{n+1}}{\Delta z} - \frac{4q(x,t)}{D}$$

$$\Rightarrow \bar{\bar{u}}_i^{n+1} = \frac{1}{\bar{\bar{\rho}}_i^{n+1}}[(\bar{\bar{\rho}}\bar{\bar{u}} + 0.5\bar{\bar{\rho}}\bar{\bar{V}}^2)_i^{n+1} - (0.5\bar{\bar{\rho}}\bar{\bar{V}}^2)_i^{n+1}]$$

(3-68)

采用与预测步相同的方法可求得 $\bar{\bar{T}}_i^{n+1}$、$\bar{\bar{p}}_i^{n+1}$。

(3) 平均值

$$\rho_i^{n+1} = \frac{1}{2}(\rho_i^n + \bar{\bar{\rho}}_i^{n+1}) \;;\; V_i^{n+1} = \frac{1}{2}(V_i^n + \bar{\bar{V}}_i^{n+1})$$

$$p_i^{n+1} = \frac{1}{2}(p_i^n + \bar{\bar{p}}_i^{n+1}) \;;\; T_i^{n+1} = \frac{1}{2}(T_i^n + \bar{\bar{T}}_i^{n+1})$$

式 (3-63) ~ 式(3-68) 仅是 MacCormack 格式的基本原理的简单套用，只是为了表明这种格式的求解方法。实际上，虽然流体的焓和内能是状态量，只与流体的温度、压力相关，但是其值的大小目前无法准确得到，因而在实际使用中不能直接套用该格式。研究者往往是在一定基础上对流动方程进行变形，得到便于实现的流动方程及其 MacCormack 格式。

3.3.3 MacCormack 算法求解格式

管流瞬变方程可转化成式（3-33）~式（3-35）的形式。为了得到管流方程的有限差分离散求解格式，将管道沿轴向（z 方向）划分为一系列的离散节点。下标 i、$i+1$ 表示空间上相邻的两个点，上标 n、$n+1$ 表示时间上相邻的两层，并假设 i 时间层全线的流动参数已知。根据 3.3.2 中 MacCormack 格式的基本原理可得上述偏微分方程组的 MacCormack 预测-校正格式如下所示：

（1）预测步：

$$\bar{p}_i^{n+1} = p_i^n - V_i^n \Delta t \frac{p_{i+1}^n - p_i^n}{\Delta z} - \rho_i^n a^2 \Delta t \frac{V_{i+1}^n - V_i^n}{\Delta z} \quad (3-69)$$

$$\bar{V}_i^{n+1} = V_i^n - V_i^n \Delta t \frac{V_{i+1}^n - V_i^n}{\Delta z} - \frac{\Delta t}{\rho_i^n} \frac{p_{i+1}^n - p_i^n}{\Delta z} - g\Delta t \sin\theta - \frac{\lambda V_i^n |V_i^n|}{2D}\Delta t \quad (3-70)$$

$$\bar{T}_i^{n+1} = T_i^n - \Delta t V_i^n \frac{T_{i+1}^n - T_i^n}{\Delta z} - \Delta t \frac{T_i^n \beta}{\rho_i^n c}\left(\frac{\bar{p}_i^{n+1} - p_i^n}{\Delta t} + V_i^n \frac{p_{i+1}^n - p_i^n}{\Delta z}\right) +$$

$$\frac{\lambda (V_i^n)^3 \Delta t}{2Dc} - \frac{4K(T_i^n - T_s)\Delta t}{\rho_i^n cD} \quad (3-71)$$

（2）校正步：

$$\bar{\bar{p}}_i^{n+1} = \bar{p}_i^{n+1} - \bar{V}_i^{n+1} \Delta t \frac{\bar{p}_i^{n+1} - \bar{p}_{i-1}^{n+1}}{\Delta z} - \bar{\rho}_i^{n+1} a^2 \Delta t \frac{\bar{V}_i^{n+1} - \bar{V}_{i-1}^{n+1}}{\Delta z} \quad (3-72)$$

$$\bar{\bar{V}}_i^{n+1} = \bar{V}_i^{n+1} - \bar{V}_i^{n+1} \Delta t \frac{\bar{V}_i^{n+1} - \bar{V}_{i-1}^{n+1}}{\Delta z} - \frac{\Delta t}{\bar{\rho}_i^{n+1}} \frac{\bar{p}_i^{n+1} - \bar{p}_{i-1}^{n+1}}{\Delta z} - g\Delta t \sin\theta - \frac{\lambda \bar{V}_i^{n+1} |\bar{V}_i^{n+1}|}{2D}\Delta t \quad (3-73)$$

$$\bar{\bar{T}}_i^{n+1} = \bar{T}_i^{n+1} - \Delta t \bar{V}_i^{n+1} \frac{\bar{T}_{i+1}^{n+1} - \bar{T}_{i-1}^{n+1}}{\Delta z} - \Delta t \frac{\bar{T}_i^{n+1} \beta}{\bar{\rho}_i^{n+1} c} \left(\frac{\bar{\bar{p}}_i^{n+1} - \bar{p}_i^{n+1}}{\Delta t} + \bar{V}_i^{n+1} \frac{\bar{p}_{i+1}^{n+1} - \bar{p}_{i-1}^{n+1}}{\Delta z} \right) +$$

$$\frac{\lambda (\bar{V}_i^{n+1})^3 \Delta t}{2Dc} - \frac{4K(\bar{T}_i^{n+1} - T_s)\Delta t}{\bar{\rho}_i^{n+1} cD}$$

(3-74)

上式中，温度 T 单位为开氏温度。

(3) 平均值：

$$V_i^{n+1} = \frac{1}{2}(V_i^n + \bar{\bar{V}}_i^{n+1}) ; \quad p_i^{n+1} = \frac{1}{2}(p_i^n + \bar{\bar{p}}_i^{n+1}) ; \quad T_i^{n+1} = \frac{1}{2}(T_i^n + \bar{\bar{T}}_i^{n+1})$$

需要说明：虽然上述格式中空间步长和时间步长均采用统一变量 Δt、Δz 表示，但是就 MacCormack 格式本身而言，每次推进时其时间和空间步长不一定完全相等。空间和时间步长的选取遵循 CFL 稳定性准则。

3.3.4 网格剖分

为简化起见，空间步长取等距 Δz。为了保证数值计算过程的稳定性，求解时时间步长 Δt 的选择必须满足 CFL 稳定性条件：

$$\Delta t \leqslant C_0 \frac{\Delta z}{a + V}$$

式中 C_0——Courant 常数，无因次，$C_0 \leqslant 1$；

a——流场中一点的压力波速，m/s。

虽然空间步长是一个定值，但是在不稳定流动中，不同点处的压力波速 a 和流速 V 均为变量，因此严格来讲，管流网格上不同位置处的 CFL 条件应写成下式：

$$(\Delta t)_i^n \leqslant C_0 \frac{\Delta z}{(a + V)_i^n}$$

不稳定流动过程中，由不同网格点计算得到的时间步长是不同的 Δt。可以选取时间步长的最小值作为时间推进的统一时间步长 Δt，即：

$$\Delta t = \min(\Delta t_1^n, \Delta t_2^n, \cdots, \Delta t_i^n, \cdots, \Delta t_N^n)$$

3.3.5 边界条件

边界条件个数的确定方法如 3.1.4.1 所述。Chaudhry 和 Hussaini 指出，对于 MacCormack 算法边界条件的处理，可采用特征线法和外推插值法。采用特征线法处理边界条件方法如3.1.4.2所述。外推插值方法如下：

对于边界上的值，可以采用外推插值确定。

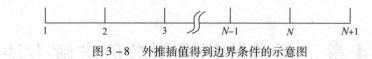

图3-8 外推插值得到边界条件的示意图

任意 k 时间层上空间网格如图3-8所示。边界上点（1、$N+1$）的流动参数可以用网格内部点（2到N）的流动参数线性外插得到：

$$U_1^n = U_2^n - \frac{U_3^n - U_2^n}{\Delta z}\Delta z = 2U_2^n - U_3^n$$

$$U_{N+1}^n = U_N^n - \frac{U_{N-1}^n - U_N^n}{\Delta z}\Delta z = 2U_N^n - U_{N-1}^n$$

除上述两种方式外，由 MacCormack 有限差分格式可知，欲求 U_i^{n+1}，需知道节点（i, n）（$i+1, n$）以及（$i-1, n+1$）的流动参数（横坐标表示空间节点，纵坐标表示时间节点）。显然在边界上是无法完全得到这三个点的流动参数的，因此，参考 MacCormack 格式，在边界条件上可只采用一步 MacCormack 方法，使用 MacCormack 格式中的预测步空间向前或向后差分建立该边界差分格式，这种方法可称为半 MacCormack 方法。

对于入口边界，采用空间向前差分的预测步：

$$\bar{U}_1^{n+1} = U_1^n - \Delta t \frac{F_2^n - F_1^n}{\Delta z} + \Delta t\, H_1^n \quad (3-75)$$

$$U_1^{n+1} = \frac{1}{2}(U_1^n + \bar{U}_1^{n+1}) \quad (3-76)$$

对于出口边界，采用空间向后差分的预测步：

$$\bar{U}_{N+1}^{n+1} = U_{N+1}^n - \Delta t \frac{F_{N+1}^n - F_N^n}{\Delta z} + \Delta t\, H_{N+1}^n \quad (3-77)$$

$$U_{N+1}^{n+1} = \frac{1}{2}(U_{N+1}^n + \bar{U}_{N+1}^{n+1}) \quad (3-78)$$

第4章 管道散热模型数值求解方法

截至目前,传热问题的解析解还只能对少量的简单情形得出。由国内外文献可知,对本文研究的埋地管道传热等工程实际问题,采用数值传热学方法求解占据主要地位。数值传热学(Numerical Heat Transfer,简称NHT)是一门采用数值方法研究流体流动与传热问题的传热-数值交叉学科。其基本思想可以概括为:采用一系列离散点代替未知的连续场,建立离散点上的变量值,从而将原未知连续场中的控制方程转化为离散点的变量方程,最终将求解出的离散点视为未知连续场中相应点的近似值。上述原理可通过图4-1表示。

数值传热学的解法很多,各解法之间的主要区别在于求解区域以及控制方程的离散方式和代数方程组的解法上。常用于求解埋地管道流动与传热问题的方法有有限差分法(Finite Difference Method,简称FDM)、有限容积法(Finite Volume Method,简称FVM)

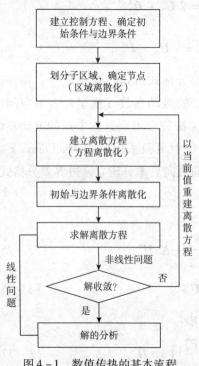

图4-1 数值传热的基本流程

以及有限单元法(Finite Element Method,简称FEM)等。

(1)有限差分法

有限差分是应用最早、也是最容易实现的一种数值求解方法。其基本思想是采用与坐标轴平行的一系列网格线划分待求区域,由网格交叉形成的若干节点的集合代替所求连续场。在每个节点上,根据Taylor展开式得到控制方程的差分表达式,求解若干节点上的代数方程组即可获得所需的数值解。对形状规则的求解区域来说,有限差分法简单有效,但该方法最严重的缺陷在于对复杂区域的适应性较差,同时离散方程的守恒性难以保证,因此除早期部分学者采用外,近年来已很少有学者采用有限差分法求解埋地管道的传热问题。

(2) 有限容积法

有限容积法是将待求区域划分成若干互不重叠的控制容积，以节点表征各控制容积，将控制方程在各控制容积上积分得到离散方程。根据节点与网格单元的关系，有限容积法可分为内节点法和外节点法。在推导过程中，需要对界面上的被求函数本身及其一阶导数的构成作出假定，因而形成了有限容积法的不同离散格式。有限容积法的优点在于离散方程的守恒性有保证，方程系数的物理意义明确，是目前求解流动与传热问题时应用最广泛的一种数值方法。

(3) 有限单元法

与有限有容积法类似，有限单元法也将求解区域划分成若干个单元，并通过在单元上选取不同节点，进而对控制方程积分得到离散表达式。不同的是，积分前需要对各单元引入插值函数，对控制方程乘以权函数，从而在单元节点上建立起未知变量的代数方程组。有限单元法实施步骤较为繁琐，在求解流动与传热问题时不及有限容积法应用广泛。但是随着非结构化网格技术的应用和发展，这种差距正逐渐缩小。

此外，可用于求解流动与传热问题的数值解法还有有限分析法（Finite Analytic Method，简称 FAM）、边界元法（Boundary Element Method，简称 BEM）、谱分析方法（Spectral Method，简称 SM）、数值积分变换法（Integral Transformation Method，简称 ITM）、控制容积有限元法（Control-Volume Finite Element Method，简称 CVFEM）、微分求积法（Differential Quadrature Method，简称 DQM）、格子-Boltzmann 法（Lattice-Boltzmann Method，简称 LBM）等。由于这几种方法在埋地管道的传热研究中应用不多，因此不在此介绍。详细的方法可参见相关文献。

本章主要对有限差分、有限容积、有限单元三种方法的基本原理进行介绍，并重点基于四边形四节点等参元模型建立埋地热油管道非稳态传热的有限单元法数值求解格式。

4.1　有限差分法

使用有限差分法求解导热问题时，最关键的是如何将微分方程定解问题（也是积分方程的定解问题）过渡为代数方程组，即如何建立差分格式，以及如何求解代数方程组。

4.1.1 网格划分

对埋地热油管道非稳态导热微分方程进行数值求解之前，必须先对方程求解区域（即埋地管道热力影响区）进行离散化处理。计算区域的离散实质上是用一组有限个离散的点来代替原来的连续点，一般的实施过程是：把所计算的区域划分成许多个不重叠的子区域，确定每个子区域中的节点位置及节点所代表的控制容积。区域离散化过程结束后，可以得到以下4种几何要素：

（1）节点：需要求解的未知物理的几何单位；
（2）控制容积：应用控制方程或守恒定律的最小几何单位；
（3）界面：它规定了与各节点相对的控制容积的分界面位置；
（4）网格线：沿坐标轴方向连接相邻两节点而形成的曲线簇。

把节点看成是控制容积的代表，控制容积与子区域并不总是重合的。在区域离散化过程开始时，由一系列与坐标轴相应的直线或曲线簇所划分出来的小区域称为子区域。

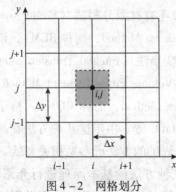

图 4-2 网格划分

有限差分法要求采用正交的网格，在直角坐标系中即为矩形网格，如图 4-2 所示。网格线的交点为节点，在区域内的节点称为内节点，落在边界上的节点为边界节点。如此，用这些离散的节点代替原有的连续区域。每个节点又包含自己的单元体或控制容积（阴影区域）。

网格线之间的距离称为步长，x 方向的步长记为 Δx，y 方向的步长记为 Δy。除了对几何区域进行离散化处理外，求解非稳态导热微分方程时，还必须对时间域进行离散，划分数值求解的时间步长 Δt。为了便于计算，以下标 i 表示 x 坐标，下标 j 表示 y 坐标，上标 n 表示时间层，例如 $T_{i,j}^n$。

网格划分过程中，视节点在子区域中位置的不同，可以把区域离散化方法分成外节点法与内节点法。

（1）外节点法

节点位于子区域的角顶上，划分子区域的曲线簇即为在相邻两节点的中间位置上作界面线，由这些界面线构成各节点的控制容积，如图 4-2 所示。从计算过程的先后来看，是先确定节点的坐标再计算相应的界面，因而也可称为先节点后界面的方法。

(2) 内节点法

节点位于子区域的中心,这时子区域即为控制容积,划分子区域的曲线簇即为控制体的界面线,如图4-3所示。就实施过程而言,先规定界面位置后确定节点,因而是一种先界面后节点的方法。

当网格划分均匀时,两种方法所形成的节点分布在区域内部趋于一致,仅在坐标轴方向上节点有半个控制容积厚度的错位。两种方法的主要区别表现在以下几个方面。

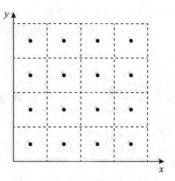

图4-3 内节点法网格划分

(1) 边界节点所代表的控制容积不同。外节点法中,位于非角顶上的边界节点代表了半个控制容积;而在内节点法中,则应看成是厚度为零的控制容积的代表,即相当于外节点法中边界节点的控制容积在 $\Delta x \to 0$ 时的极限。

(2) 当网络不均分时,内节点法中节点永远处于控制容积的中心,而由外节点法形成的节点则不然。从节点是控制容积的代表这一角度看,内节点法更合理。

(3) 当网格不均匀时,外节点法中界面永远位于两邻点的中间位置,而内节点法则不然。对于内节点法,计算的精度比一阶差分格式的截断误差要低一些,但对外节点法则没有这一问题。

4.1.2 控制方程的离散化

在物理和时间区域离散的基础上,对非稳态导热微分方程进行离散化处理。以内部节点差分方程为例,取 (i,j) 点和相邻诸点,可采用数学方法和物理方法建立其差分方程。

4.1.2.1 数学方法

数学方法是指在求解区域网格的节点处,用差商代替微商,使原导热微分方程转化为差分方程。内部节点满足 $\rho c \dfrac{\partial T}{\partial t} = \lambda \left(\dfrac{\partial^2 T}{\partial x^2} + \dfrac{\partial^2 T}{\partial y^2} \right)$。

对应于图4-2,等式右端采用中心差分格式,有

$$\frac{\partial^2 T}{\partial x^2} + \frac{\partial^2 T}{\partial y^2} = \frac{T_{i+1,j}^n - 2T_{i,j}^n + T_{i-1,j}^n}{(\Delta x)^2} + \frac{T_{i,j+1}^n - 2T_{i,j}^n + T_{i,j-1}^n}{(\Delta y)^2} \quad (4-1)$$

等式左边温度对时间的导数，可采用时间的向前差分，即

$$\frac{\partial T}{\partial t} = \frac{T_{i,j}^{n+1} - T_{i,j}^n}{\Delta t} \quad (4-2)$$

令 $F_0 = \frac{a\Delta t}{\Delta x \Delta y}$，$a = \frac{\lambda}{\rho c}$，联立式（4-1）、式（4-2）整理可得：

$$T_{i,j}^{n+1} = F_0 \left[T_{i,j}^n \left(\frac{1}{F_0} - 2\frac{\Delta x}{\Delta y} - 2\frac{\Delta y}{\Delta x} \right) + \frac{\Delta x}{\Delta y}(T_{i,j+1}^n + T_{i,j-1}^n) + \frac{\Delta y}{\Delta x}(T_{i+1,j}^n + T_{i-1,j}^n) \right]$$

$$(4-3)$$

上式得到了温度的显式求解格式，只要知道某一时间层上的各点值以及边界条件，就可以逐一算出下一时间层上的各点的值。

4.1.2.2 物理方法

物理方法是建立每个单元体（或控制容积）的热平衡关系式，从而得到差分方程。此法也称为元体平衡法。根据能量平衡原理，非稳态节点的表达形式为：

$$\begin{bmatrix} \Delta t \text{ 时间内以导热方式传入} \\ \text{单位体积 } \Delta V \text{ 的热量} \end{bmatrix} = \begin{bmatrix} \Delta t \text{ 时间内单位体积 } \Delta V \\ \text{物质的热量增加} \end{bmatrix}$$

$$\lambda \iiint_{t,V} \left[\frac{\partial^2 T}{\partial x^2} + \frac{\partial^2 T}{\partial y^2} \right] dV dt = \rho c \iint_V \frac{\partial T}{\partial t} dV dt \quad (4-4)$$

设节点间温度成线性分布，则等号右边为：

$$\rho c \iiint_{t,V} \frac{\partial T}{\partial t} dV dt = \rho c (T_{i,j}^{n+1} - T_{i,j}^n) \Delta x \Delta y \quad (4-5)$$

等号左边为：

$$\lambda \iiint_{t,V} \left[\frac{\partial^2 T}{\partial x^2} + \frac{\partial^2 T}{\partial y^2} \right] dV dt = \lambda \int_{t_n}^{t_{n+1}} \left[\frac{T_{i+1,j} - 2T_{i,j} + T_{i-1,j}}{(\Delta x)^2} + \frac{T_{i,j+1} - 2T_{i,j} + T_{i,j-1}}{(\Delta y)^2} \right] \Delta x \Delta y dt$$

$$(4-6)$$

若被积函数为单调函数，根据中值定理，上式可写成：

$$\lambda \int_{t_n}^{t_{n+1}} \left[\frac{T_{i+1,j} - 2T_{i,j} + T_{i-1,j}}{(\Delta x)^2} + \frac{T_{i,j+1} - 2T_{i,j} + T_{i,j-1}}{(\Delta y)^2} \right] \Delta x \Delta y dt$$

$$= \eta \lambda \left[\frac{T_{i+1,j}^{n+1} - 2T_{i,j}^{n+1} + T_{i-1,j}^{n+1}}{(\Delta x)^2} + \frac{T_{i,j+1}^{n+1} - 2T_{i,j}^{n+1} + T_{i,j-1}^{n+1}}{(\Delta y)^2} \right] \Delta x \Delta y \Delta t +$$

$$(1 - \eta) \lambda \left[\frac{T_{i+1,j}^n - 2T_{i,j}^n + T_{i-1,j}^n}{(\Delta x)^2} + \frac{T_{i,j+1}^n - 2T_{i,j}^n + T_{i,j-1}^n}{(\Delta y)^2} \right] \Delta x \Delta y \Delta t$$

$$(4-7)$$

联立等号左右表达式，令 $a = \dfrac{\lambda}{\rho c}$，得

$$\eta \left[\frac{T_{i+1,j}^{n+1} - 2T_{i,j}^{n+1} + T_{i-1,j}^{n+1}}{(\Delta x)^2} + \frac{T_{i,j+1}^{n+1} - 2T_{i,j}^{n+1} + T_{i,j-1}^{n+1}}{(\Delta y)^2} \right] + $$
$$(1 - \eta) \left[\frac{T_{i+1,j}^{n} - 2T_{i,j}^{n} + T_{i-1,j}^{n}}{(\Delta x)^2} + \frac{T_{i,j+1}^{n} - 2T_{i,j}^{n} + T_{i,j-1}^{n}}{(\Delta y)^2} \right] = \frac{1}{a} \frac{T_{i,j}^{n+1} - T_{i,j}^{n}}{\Delta t}$$

$$(4-8)$$

当 $\eta = 0$ 时，即为显式差分格式。由此可见，两种推导方式得到的最终结果是一致的。

4.1.3 边界条件的处理

上面推导仅适用于内部节点，在边界处的求解格式需要特殊处理。

4.1.3.1 绝热边界

绝热边界可以采用元体平衡法推导出各节点的差分方程。以矩形热力影响区的右边界为例，如图 4-4 所示，以节点 (i, j) 的控制体为例，取与其相邻的 3 个节点。采用元体平衡法，得：

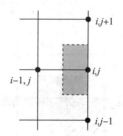

图 4-4 绝热边界节点

$$T_{i,j}^{n+1} = F_0 \left[T_{i,j}^{n} \left(\frac{1}{F_0} - 2\frac{\Delta x}{\Delta y} - 2\frac{\Delta y}{\Delta x} \right) + \frac{\Delta x}{\Delta y} (T_{i,j+1}^{n} + T_{i,j-1}^{n}) + 2\frac{\Delta y}{\Delta x} T_{i-1,j}^{n} \right]$$

$$(4-9)$$

4.1.3.2 对流边界

对流边界属于第三类边界条件，可采用元体平衡法推导出各节点的差分方程。以埋地管道上边界的自然对流边界为例，如图 4-5 所示，取节点 (i, j) 及其相邻的 3 个节点。采用元体平衡法可得：

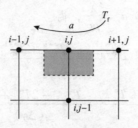

图4-5 对流边界节点

$$T_{i,j}^{n+1} = F_0\left[T_{i,j}^n\left(\frac{1}{F_0} - 2\frac{\Delta x}{\Delta y} - 2\frac{\Delta y}{\Delta x} - 2\text{Bix}\right) + 2\frac{\Delta x}{\Delta y}T_{i,j-1}^n + \frac{\Delta y}{\Delta x}(T_{i+1,j}^n + T_{i-1,j}^n) + 2\text{Bix}\cdot T_f\right]$$

(4-10)

上式中 $\text{Bix} = \dfrac{\alpha \Delta x}{\lambda}$。

4.1.3.3 保温层上的节点差分方程

以如图4-6所示节点 (i,j) 的控制体为例，图中斜线部分代表属于保温层的部分，保温系数为 λ_b；其余为土壤介质部分，导热系数为 λ_s。推导该类型的节点差分方程。

令 $\lambda_e = \dfrac{\lambda_s + \lambda_b}{2}$，$c_e = \dfrac{c_s + c_b}{2}$，$\rho_e = \dfrac{\rho_s + \rho_b}{2}$，可得：

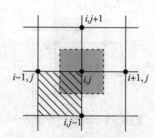

图4-6 保温层上的节点

$$T_{i,j}^{n+1} = F_{0e}\left\{\frac{\Delta x}{\Delta y}\left(\frac{\lambda_s}{\lambda_e}T_{i,j+1}^n + T_{i,j-1}^n\right) + \frac{\Delta y}{\Delta x}(\lambda_s T_{i+1,j}^n + \lambda_e T_{i-1,j}^n) + \right.$$

$$\left. T_{i,j}^n\left[\frac{1}{F_{0e}} - \left(1 + \frac{\lambda_s}{\lambda_e}\right)\left(\frac{\Delta x}{\Delta y} + \frac{\Delta y}{\Delta x}\right)\right]\right\}$$

(4-11)

4.1.4 隐式差分格式及其与显式格式的区别

式(4-3)、式(4-9)~式(4-11)得到的均为埋地热油管道非稳态导热微分方程的显式有限差分求解格式。其优点在于求解格式简单，只要知道某一时间层上的各点值以及边界条件，就可以逐一算出下一时间层上的各点的值。

非稳态导热微分方程中的 $\dfrac{\partial T}{\partial t}$ 也可以采用向后差分，进而得到隐式求解格式：

$$-\frac{1}{2F_0}T_{i,j}^n = \frac{\Delta x}{2\Delta y}(T_{i,j+1}^{n+1}+T_{i,j-1}^{n+1}) + \frac{\Delta y}{2\Delta x}(T_{i+1,j}^{n+1}+T_{i-1,j}^{n+1}) - T_{i,j}^{n+1}\left(\frac{\Delta x}{\Delta y}+\frac{\Delta y}{\Delta x}+\frac{1}{2F_0}\right)$$

(4-12)

采用物理方法时，令式（4-8）中 $\eta = 1$ 也可得到相同的内节点隐式求解格式。

采用与显示方程同样的分析方法，可以得到边界节点温度值的隐式求解方法如下：

绝热边界节点：

$$-\frac{1}{2F_0}T_{i,j}^n = \frac{\Delta x}{2\Delta y}(T_{i,j+1}^{n+1}+T_{i,j-1}^{n+1}) + \frac{\Delta y}{\Delta x}T_{i-1,j}^{n+1} - T_{i,j}^{n+1}\left(\frac{\Delta x}{\Delta y}+\frac{\Delta y}{\Delta x}+\frac{1}{2F_0}\right)$$

(4-13)

对流边界节点：

$$-\frac{1}{2F_0}T_{i,j}^n - \text{Bix}\cdot T_f = \frac{\Delta x}{\Delta y}T_{i,j-1}^{n+1} + \frac{\Delta y}{2\Delta x}(T_{i+1,j}^{n+1}+T_{i-1,j}^{n+1}) - T_{i,j}^{n+1}\left(\frac{\Delta x}{\Delta y}+\frac{\Delta y}{\Delta x}+\frac{1}{2F_0}+\text{Bix}\right)$$

(4-14)

保温层上的边界节点：

$$-\frac{1}{F_{0e}}T_{i,j}^n = \frac{\lambda_s}{\lambda_e}\left(\frac{\Delta x}{\Delta y}T_{i,j+1}^{n+1}+\frac{\Delta y}{\Delta x}T_{i+1,j}^{n+1}\right) + \frac{\Delta x}{\Delta y}T_{i,j-1}^{n+1} + \frac{\Delta y}{\Delta x}T_{i-1,j}^{n+1} - T_{i,j}^{n+1}\left[-\left(\frac{\lambda_s}{\lambda_e}+1\right)\left(\frac{\Delta x}{\Delta y}+\frac{\Delta y}{\Delta x}\right)-\frac{1}{F_{0e}}\right]$$

(4-15)

与显式格式相比，隐式格式是无条件稳定的，所以其空间和时间步长可以任意选取，不受限制。但是显式格式需满足热力学定律，$T_{i,j}^n$ 的系数 $\dfrac{1}{F_0}-2\dfrac{\Delta x}{\Delta y}-2\dfrac{\Delta y}{\Delta x}$ 必须大于 0，即必须满足：

$$F_0 \leqslant \frac{1}{2\left(\dfrac{\Delta x}{\Delta y}+\dfrac{\Delta y}{\Delta x}\right)}$$

(4-16)

此时，空间步长 Δx、Δy 选取有限制，否则将造成计算结果不稳定。当步长选取合适时，经有限次迭代后即可得到满足要求的结果，而且运算速度快、算法简单。与之相比，采用隐式法时时间和空间步长可以任意选取，不受限制。同时，由于隐式法一次直接求解代数方程组，得到某一时间层上的温度值，所以计算精度高。

对比导热微分方程的显式法和隐式法的计算结果,在相同计算参数、相同的计算数据的情况下,非稳态计算中分别采用显式和隐式差分格式,当非稳态停输时间为10h、计算结果保留小数点后两位有效数字时,比较所有的625个计算节点,仅有4个计算节点值稍有不同。

然而,在同样的计算时间要求下,采用隐式差分格式计算耗时长,且计算时间随着网格节点的增加而成倍地增长。采用隐式差分格式,当把求解区域离散为n个网格节点时,要同时求解$[n]^2$阶代数方程组,就需要在计算机内存中建立$[n]^2$阶的计算数组,这样计算所占内存大,所以不能过细地离散求解区域,防止内存溢出。

所以,常用的做法:利用显式差分格式求解,利用隐式方法检验显式方法的正确性和精确度。

4.2 有限容积法

4.2.1 网格划分

与有限差分法类似,在得到导热微分方程的数值求解格式之前,首先需要对计算区域进行网格划分,使其离散化。网格划分的实质就是用一组有限个离散的点来代替原来的连续空间。仍选取20m×10m的矩形热力影响区作为埋地热油管道的温度场计算区域,由于管道热影响区沿过管心的垂线横向对称,可取热力影响区的一半进行研究。

采用极坐标把管道和保温层进行结构化网格划分,如图4-7所示,每个四边形区域对应一个节点,而节点温度代表了整个四边形区域的温度。

采用直角坐标系下的非结构化三角形网格对土壤计算区域进行划分,如图4-8所示,把土壤的计算区域划分成许多个互不重叠的三角形网格,每个三角形对应一个节点,节点温度代表了整个三角形的温

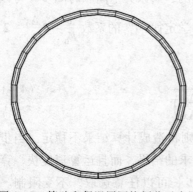

图4-7 管壁和保温层网格划分示意图

度。每个三角形和周围环境的热量交换可以由三角形的节点和周围三角形的节点的热传导来代替。

由于管中心附近温度梯度变化大,而离管道越远,土壤温度受热油管道影响越小,温度梯度变化越小,因此通常进行网格划分时在管道附近网格划分得比较密,离管道越远网格越稀疏,这样既保证了计算精度,又可以提高运算速度。

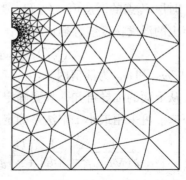

图4-8 土壤计算区域网格划分示意图

4.2.2 控制方程的离散化

4.2.2.1 直角坐标系下的控制方程离散

将计算节点置于三角形的重心,节点 P_0 可看成是阴影的三角形区域的代表,阴影三角形是 P_0 点的控制容积。对非稳态导热微分方程进行离散,就是要建立起计算节点 P_0 的温度与其周围邻点 P_1、P_2 和 P_3 的温度之间的代数关系式。为离散方便,方程(2-31)可以针对任意的控制容积写成积分的形式如下:

$$\int_V \frac{\partial T}{\partial t} dV = \int_A \frac{\lambda}{\rho c} \nabla T dA \qquad (4-17)$$

式中,V 为控制容积的体积(对二位导热问题为控制容积的面积),A 为控制容积界面的面积矢量,其正方向与外法线单位矢量一致,如图4-9所示。

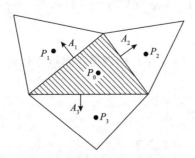

图4-9 三角形控制容积示意图

将式(4-17)应用于如图4-9所示的三角形控制容积,可得:

$$\frac{T_{P_0} - T_{P_0}^0}{\Delta t} A_{P_0} = \frac{\lambda}{\rho c} \sum_{j=1}^{3} (\nabla T)_j A_j \qquad (4-18)$$

式中,A_{P_0} 为重心为 P_0 的三角形面积,T_{P_0} 和 $T_{P_0}^0$ 分别为时间间隔 Δt 的当前时层和

上一时层 P_0 点的温度值。$(\nabla T)_j$ 是界面上 1,2,3 上的平均温度梯度,可以通过节点上的温度梯度线性插值得到:

$$(\nabla T)_j = \omega_{P_0}(\nabla T)_{P_0} + \omega_{P_j}(\nabla T)_{P_j} \tag{4-19}$$

式中,ω_{P_0} 和 ω_{P_j} 为插值因子。

从上面的推导可知,只要确定了节点上的温度梯度,离散方程就可以完全确定下来。可采用最小二乘法来确定温度梯度 $(\nabla T)_{P_0}$:

$$\frac{\partial}{\partial (\nabla T)_{P_0}^i} \sum_{j=1}^{3} \frac{1}{|d_j|} \left\{ \frac{T_{P_j} - T_{P_0}}{|d_j|} - (\nabla T)_{P_0} \frac{d_j}{|d_j|} \right\}^2 = 0, i = 1,2 \tag{4-20}$$

式中,$(\nabla T)_{P_0}^i$ 表示 P_0 节点的温度梯度在 i 坐标轴上的分量,d_j 为从 P_0 到 P_j 的有向线段。代数方程(4-20)可以用矩阵来表示:

$$(\nabla T)_{P_0} = \boldsymbol{G}^{-1}\boldsymbol{h} \tag{4-21}$$

式中,矩阵 $\boldsymbol{G}$ 的 4 个分量和列向量 $\boldsymbol{h}$ 的 2 个分量分别为:

$$g_{kl} = \sum_{j=1}^{3} \frac{d_j^k \times d_j^l}{|d_j|^3}, k = l = 1,2 \tag{4-22}$$

$$h_k = \sum_{j=1}^{3} \frac{T_{P_j} - T_{P_0}}{|d_j|} \frac{d_j^k}{|d_j|^2}, k = 1,2 \tag{4-23}$$

式中,d_j^k 是矢量 d_j 的第 k 个分量。求出了节点的温度梯度就很容易用式(4-19)求出界面的温度梯度。但是直接采用式(4-19)有可能得到非物理的振荡温度场,可采用显式修正的方法:

$$(\nabla T)_j = \left[\omega_{P_0}(\nabla T)_{P_0} + \omega_{P_j}(\nabla T)_{P_j}\right]\left(1 - \frac{d_j}{|d_j|}\frac{d_j}{|d_j|}\right) + \frac{T_{P_j} - T_{P_0}}{|d_j|}\frac{d_j}{|d_j|} \tag{4-24}$$

将(4-24)代入式(4-18)整理得到离散方程:

$$\begin{cases} a_{P_0} T_{P_0} = \sum_{j=1}^{3} a_{P_j} T_{P_j} + b \\ a_{P_j} = \frac{\lambda}{\rho c} \frac{d_j A_j}{|d_j|^2} \quad i = 1,2,3 \\ a_{P_0} = \sum_{j=1}^{3} a_{P_j} + \frac{A_{P_0}}{\Delta t} \\ b = \frac{T_{P_0}^0 A_{P_0}}{\Delta t} + \frac{\lambda}{\rho c} \sum_{j=1}^{3} \left[\omega_{P_0}(\nabla T)_{P_0} + \omega_{P_j}(\nabla T)_{P_j}\right]\left(1 - \frac{d_j}{|d_j|}\frac{d_j}{|d_j|}\right) \end{cases} \tag{4-25}$$

4.2.2.2 极坐标系下的控制方程离散

对管壁以及保温层，采用极坐标下的网格系统进行离散，如图 4-10 所示。

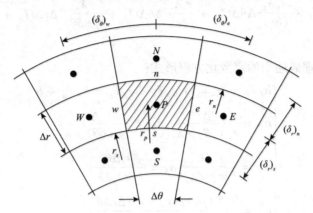

图 4-10 极坐标下网格系统示意图

采用图 4-10 中所示网格系统对式（2-30）进行离散后得：

$$\int_t^{t+\Delta t}\int_s^n\int_w^e r\rho c\frac{\partial T}{\partial t}\mathrm{d}\theta\mathrm{d}r\mathrm{d}t = \int_t^{t+\Delta t}\int_s^n\int_w^e \frac{\partial}{\partial r}\left(r\lambda\frac{\partial T}{\partial t}\right)\mathrm{d}\theta\mathrm{d}t + \int_t^{t+\Delta t}\int_s^n\int_w^e \frac{\partial}{\partial \theta}\left(\frac{\lambda}{r}\frac{\partial T}{\partial \theta}\right)\mathrm{d}r\mathrm{d}t$$

(4-26)

式（4-26）等号左边可转化为

$$\int_t^{t+\Delta t}\int_s^n\int_w^e r\rho c\frac{\partial T}{\partial t}\mathrm{d}\theta\mathrm{d}r\mathrm{d}t = (\rho c)_P(T_P - T_P^0)\frac{r_n + r_s}{2}\Delta r\Delta\theta \quad (4-27)$$

式（4-26）等号右边可转化为

$$\int_t^{t+\Delta t}\int_s^n\int_w^e \frac{\partial}{\partial r}\left(r\lambda\frac{\partial T}{\partial t}\right)\mathrm{d}\theta\mathrm{d}t + \int_t^{t+\Delta t}\int_s^n\int_w^e \frac{\partial}{\partial \theta}\left(\frac{\lambda}{r}\frac{\partial T}{\partial \theta}\right)\mathrm{d}r\mathrm{d}t$$

$$= \left[r_n\lambda_n\frac{T_N - T_P}{(\delta r)_n} - r_s\lambda_s\frac{T_P - T_S}{(\delta r)_s}\right]\Delta\theta\Delta t + \left[\frac{\lambda_e}{r_e}\frac{T_E - T_P}{(\delta\theta)_e} - \frac{\lambda_w}{r_w}\frac{T_P - T_W}{(\delta\theta)_w}\right]\Delta r\Delta t$$

$$= -\left[\frac{r_n\lambda_n}{(\delta r)_n}\Delta\theta\Delta t + \frac{r_s\lambda_s}{(\delta r)_s}\Delta\theta\Delta t + \frac{\lambda_e}{r_e(\delta\theta)_e}\Delta r\Delta t + \frac{\lambda_w}{r_w(\delta\theta)_w}\Delta r\Delta t\right]T_P +$$

$$\frac{r_n\lambda_n}{(\delta r)_n}\Delta\theta\Delta t T_N + \frac{r_s\lambda_s}{(\delta r)_s}\Delta\theta\Delta t T_S + \frac{\lambda_e}{r_e(\delta\theta)_e}\Delta r\Delta t T_E + \frac{\lambda_w}{r_w(\delta\theta)_w}\Delta r\Delta t T_W$$

(4-28)

所以

$$(\rho c)_P (T_P - T_P^0) \frac{r_n + r_s}{2} \Delta r \Delta \theta = -\left[\frac{r_n \lambda_n}{(\delta r)_n} \Delta \theta \Delta t + \frac{r_s \lambda_s}{(\delta r)_s} \Delta \theta \Delta t + \frac{\lambda_e}{r_e (\delta \theta)_e} \Delta r \Delta t + \frac{\lambda_w}{r_w (\delta \theta)_w} \Delta r \Delta t\right] T_P + \frac{r_n \lambda_n}{(\delta r)_n} \Delta \theta \Delta t T_N + \frac{r_s \lambda_s}{(\delta r)_s} \Delta \theta \Delta t T_S + \frac{\lambda_e}{r_e (\delta \theta)_e} \Delta r \Delta t T_E + \frac{\lambda_w}{r_w (\delta \theta)_w} \Delta r \Delta t T_W$$

(4-29)

将上式整理成通用的离散化方程形式：

$$\begin{cases} a_P T_P = a_N T_N + a_S T_S + a_E T_E + a_W T_W + b \\ a_E = \dfrac{\Delta r}{r_e (\delta \theta)_e / \lambda_e}, a_W = \dfrac{\Delta r}{r_w (\delta \theta)_w / \lambda_w} \\ a_N = \dfrac{r_n \Delta \theta}{(\delta r)_n / \lambda_n}, a_S = \dfrac{r_s \Delta \theta}{(\delta r)_s / \lambda_s} \\ a_P^0 = \dfrac{0.5 (\rho c)_P (r_n + r_s) \Delta r \Delta \theta}{\Delta t} \\ a_P = a_E + a_W + a_N + a_S + a_P^0, b = a_P^0 T_P^0 \end{cases}$$

(4-30)

在推导过程中，取控制容积在 z 方向为单位厚度，体积 $\Delta V = \Delta x \Delta y$。当时间步长 Δt 取为大值（如 $\Delta t = 1 \times 10^{30}$）时，$a_P^0$ 趋近于零，上面的离散方程就成为二维稳态导热问题的离散化方程。

以上代数方程为一个主对角占优的方程，采用 Gauss-Seidel 迭代、共轭梯度法等方法求解即可得到各节点的温度。当网格足够密时，所有节点上的温度值就代表了待求的温度场。

4.3 有限单元法

4.3.1 有限单元法基本原理

有限单元法是当今学术研究和工程分析中应用最广泛的数值求解方法之一，具有适用范围广、理论基础可靠、对复杂几何形状适应性强、便于编程计算等优点。该方法最早应用于结构力学和固体力学分析，随着计算机的发展，逐渐应用于温度场以及流场分析。有限元法求解思路可归纳如下：

（1）将连续求解域划分成若干个互不重叠的离散子域，称为单元，各单元通过节点相互连接构成总体求解域，单元形状可以多样，以便更好地逼近几何形状复杂的求解域；

(2) 在每个单元内构造试验函数来代替待求的未知物理函数,试验函数可表示为单元内若干节点处的待求函数值与相应插值函数的线性表达式,以未知函数在节点上的值作为待求量,如此一来,就将需要在连续域内求解的无限自由度问题转化为求解若干离散域内的有限自由度问题;

(3) 离散原问题的数学模型,建立未知变量的代数方程组,根据研究对象的不同,建立方程组时常用的方法有变分法、加权余量法以及虚功原理等,传热分析时常用前两种,虚功原理主要应用于结构力学和固体力学分析。

在求解过程中,采用不同的权函数、插值函数、网格形式以及节点数目,就构成了不同的有限元求解格式。常用的插值方法有线性插值、高次插值等;按加权函数来分,有最小二乘法、矩量法、配置法以及伽辽金法等;按网格形状来分,有三角形、四边形以及多边形网格等。以下将在伽辽金法的基础上采用四边形四节点等参元模型,建立埋地热油管道热传导微分方程求解格式。

4.3.2 导热方程的离散格式

4.3.2.1 加权余量法

海管及海泥的温度场求解区域如图 4-11 所示,其导热微分方程可统一写成以下格式:

$$D[T(x,y,t)] = \lambda \left(\frac{\partial^2 T}{\partial x^2} + \frac{\partial^2 T}{\partial y^2} \right) - \rho c_p \frac{\partial T}{\partial t} = 0 \quad (4-31)$$

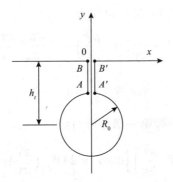

图 4-11 热传导求解区域示意图

在全局定义域 Ω 内构造试验函数 $\tilde{T}(x,y,t)$ 近似代替未知温度场 $T(x,y,t)$:

$$\tilde{T}(x,y,t) = \sum_{m=1}^{Z} T_m(t) \varphi_m(x,y) \quad \forall (x,y) \in \Omega \quad (4-32)$$

式中　$\tilde{T}(x,y,t)$ ——待求温度场的试验函数；

　　　$T_m(t)$ ——全局定义域内指定节点处温度，℃；

　　　$\varphi_m(x,y)$ ——指定节点处插值函数。

$\tilde{T}(x,y,t)$ 与真实温度场 $T(x,y,t)$ 之间存在误差。在连续定义域上其误差可表示为：

$$R = \int_\Omega D[\tilde{T}(x,y,t)]\mathrm{d}\Omega = \iint_\Omega \left[\lambda\left(\frac{\partial^2 \tilde{T}}{\partial x^2} + \frac{\partial^2 \tilde{T}}{\partial y^2}\right) - \rho c_p \frac{\partial \tilde{T}}{\partial t}\right]\mathrm{d}x\mathrm{d}y$$

(4-33)

式中，R 为连续定义域上试验函数积分余量。

式 (4-33) 为包含了 Z 个未知量（T_1，T_2，…，T_Z）的代数表达式。$R = 0$ 时试验温度函数即为待求温度场。为保证 $R = 0$ 始终成立，引入加权函数，构造 Z 个独立的加权余量方程：

$$R_m = \int_\Omega W_m D[\tilde{T}(x,y,t)]\mathrm{d}\Omega$$

$$= \iint_\Omega W_m\left[\lambda\left(\frac{\partial^2 \tilde{T}}{\partial x^2} + \frac{\partial^2 \tilde{T}}{\partial y^2}\right) - \rho c_p \frac{\partial \tilde{T}}{\partial t}\right]\mathrm{d}x\mathrm{d}y = 0 \quad (m = 1,2,\cdots,Z)$$

(4-34)

式中　W_m ——加权函数；

　　　R_m ——引入加权函数 W_m 后的积分余量。

采用分部积分法，式 (4-34) 可写成

$$R_m = \iint_\Omega \lambda\left[\frac{\partial}{\partial x}\left(W_m \frac{\partial \tilde{T}}{\partial x}\right) + \frac{\partial}{\partial y}\left(W_m \frac{\partial \tilde{T}}{\partial y}\right) - \left(\frac{\partial W_m}{\partial x}\frac{\partial \tilde{T}}{\partial x} + \frac{\partial W_m}{\partial y}\frac{\partial \tilde{T}}{\partial y}\right)\right]\mathrm{d}x\mathrm{d}y -$$

$$\iint_\Omega \rho c_p W_m \frac{\partial \tilde{T}}{\partial t}\mathrm{d}x\mathrm{d}y = 0 \quad (4-35)$$

根据格林公式，等号右端第一部分可写成：

$$\iint_\Omega \lambda\left[\frac{\partial}{\partial x}\left(W_m \frac{\partial \tilde{T}}{\partial x}\right) + \frac{\partial}{\partial y}\left(W_m \frac{\partial \tilde{T}}{\partial y}\right)\right]\mathrm{d}x\mathrm{d}y = \oint_\Gamma \lambda W_m\left(\frac{\partial \tilde{T}}{\partial x}\mathrm{d}y - \frac{\partial \tilde{T}}{\partial y}\mathrm{d}x\right) = \oint_\Gamma \lambda W_m \frac{\partial \tilde{T}}{\partial n}\mathrm{d}s$$

(4-36)

式中，Γ 为求解区域边界。将式 (4-36) 代入式 (4-35)，可得导热控制方程的加权余量方程：

$$R_m = \iint_\Omega\left[\lambda\left(\frac{\partial W_m}{\partial x}\frac{\partial \tilde{T}}{\partial x} + \frac{\partial W_m}{\partial y}\frac{\partial \tilde{T}}{\partial y}\right) + \rho c_p W_m \frac{\partial \tilde{T}}{\partial t}\right]\mathrm{d}x\mathrm{d}y -$$

$$\oint_\Gamma \lambda W_m \frac{\partial \tilde{T}}{\partial n} ds = 0 \, (m = 1, 2, \cdots, Z) \tag{4-37}$$

以上推导是针对于全局连续定义域而言，而有限元法是针对每个单元而言。对每个单元而言，关于节点 m 的积分余量可表示为：

$$R_m^e = \iint_e \left[\lambda \left(\frac{\partial W_m}{\partial x} \frac{\partial \tilde{T}}{\partial x} + \frac{\partial W_m}{\partial y} \frac{\partial \tilde{T}}{\partial y} \right) + \rho c_p W_m \frac{\partial \tilde{T}}{\partial t} \right] dx dy - \oint_{\Gamma e} \lambda W_m \frac{\partial \tilde{T}}{\partial n} ds \, (m = 1, 2, \cdots, z) \tag{4-38}$$

式中　R_m^e——单元内关于节点 m 的积分余量。对于单元内有 z 个积分余量值；

　　　z——单元内选取的节点数；

　　　Γe——单元边界；

　　　W_m——加权函数。

R_m^e 不一定为零，但是假设在全部单元内对某一节点的积分余量之和为零，即：

$$\sum_{e \in \Omega} R_m^e = 0 \, (m = 1, 2, \cdots, Z) \tag{4-39}$$

式中，Z 表示选取的所有节点。由此便构造了 Z 个代数方程，求解该方程组即得管道和土壤温度场分布。

4.3.2.2　伽辽金法

如果一个单元的所有边界均不在全局定义域边界上，称为内部单元。内部单元在加权余量相加时，相邻单元的线积分项相互抵消。因此对于内部单元而言，式（4-38）可简化为：

$$R_m^e = \iint_e \lambda \left(\frac{\partial W_m}{\partial x} \frac{\partial \tilde{T}}{\partial x} + \frac{\partial W_m}{\partial y} \frac{\partial \tilde{T}}{\partial y} \right) dx dy + \iint_e \rho c_p W_m \frac{\partial \tilde{T}}{\partial t} dx dy \, (m = 1, 2, \cdots, z) \tag{4-40}$$

伽辽金法（Galerkin Method）选用试验函数对节点温度的导数构造加权函数，即：

$$W_m = \frac{\partial \tilde{T}}{\partial T_m} (m = 1, 2, \cdots, z) \tag{4-41}$$

同时考虑到 $\tilde{T} = \sum_{m=1}^{z} N_m T_m$，因此有：

$$W_m = \frac{\partial \tilde{T}}{\partial T_m} = N_m (m = 1, 2, \cdots, z) \tag{4-42}$$

式中　W_m——单元中针对节点 m 的加权函数；

　　　N_m——单元中针对节点 m 的插值函数，又称"形函数"。

为统一起见，下文中推导时用 T 代替 $\tilde{T}$。由以上推导可知：

$$\begin{cases} \dfrac{\partial W_m}{\partial x} = \dfrac{\partial N_m}{\partial x} \\ \dfrac{\partial W_m}{\partial y} = \dfrac{\partial N_m}{\partial y} \end{cases} \tag{4-43}$$

$$\begin{cases} \dfrac{\partial T}{\partial x} = \sum_{m=1}^{z} T_m \dfrac{\partial N_m}{\partial x} \\ \dfrac{\partial T}{\partial y} = \sum_{m=1}^{z} T_m \dfrac{\partial N_m}{\partial y} \end{cases} \tag{4-44}$$

$$\dfrac{\partial T}{\partial t} = \sum_{m=1}^{z} N_m \dfrac{\partial T_m}{\partial t} \tag{4-45}$$

将式（4-43）~式（4-45）代入式（4-40）中，可得

$$R_m^e = \iint_e \lambda \left[\dfrac{\partial N_m}{\partial x} \left(\sum_{m=1}^{z} T_m \dfrac{\partial N_m}{\partial x} \right) + \dfrac{\partial N_m}{\partial y} \left(\sum_{m=1}^{z} T_m \dfrac{\partial N_m}{\partial y} \right) \right] \mathrm{d}x \mathrm{d}y + \iint_e \rho c_p N_m \left(\sum_{m=1}^{z} N_m \dfrac{\partial T_m}{\partial t} \right) \mathrm{d}x \mathrm{d}y \, (m = 1, 2, \cdots, z) \tag{4-46}$$

改写成矩阵表达格式：

$$\boldsymbol{R}^e = \boldsymbol{K}^e \boldsymbol{T}^e + \boldsymbol{C}^e \left[\dfrac{\partial T}{\partial t} \right]^e - \boldsymbol{P}^e \tag{4-47}$$

$$\boldsymbol{R}^e = [R_1, R_2, \cdots, R_z]^T \tag{4-48}$$

$$k_{mn} = \iint_e \lambda \left(\dfrac{\partial N_m}{\partial x} \dfrac{\partial N_n}{\partial x} + \dfrac{\partial N_m}{\partial y} \dfrac{\partial N_n}{\partial y} \right) \mathrm{d}x \mathrm{d}y \, (m, n = 1, 2, \cdots, z) \tag{4-49}$$

$$\boldsymbol{T}^e = [T_1, T_2, \cdots, T_z]^T \tag{4-50}$$

$$c_{mn} = \rho c_p \iint_e N_m N_n \mathrm{d}x \mathrm{d}y \, (m, n = 1, 2, \cdots, z) \tag{4-51}$$

$$\left[\dfrac{\partial T}{\partial t} \right]^e = \left[\dfrac{\partial T_1}{\partial t}, \dfrac{\partial T_2}{\partial t}, \cdots, \dfrac{\partial T_z}{\partial t} \right]^T \tag{4-52}$$

式中 $\boldsymbol{R}^e$——单元积分余量矩阵；

$\boldsymbol{K}^e$——单元温度刚度矩阵；

$\boldsymbol{T}^e$——单元内待求的节点温度列向量；

$\boldsymbol{C}^e$——单元变温矩阵；

$\left[\dfrac{\partial T}{\partial t} \right]^e$——单元节点温度对时间导数列向量；

P^e——单元温度载荷列向量。本研究中不存在内热源,故此项为零。但是不同的边界条件会对此项产生修正值,因此为统一格式起见保留此项。修正值大小将在下文中给出。

式(4-47)~式(4-52)为利用伽辽金法求解热传导问题的有限元法求解格式。由式(4-49)、式(4-52)可知,K^e、C^e均为$z×z$方阵,其元素关于主对角线对称。通过选取不同的网格形状、节点及坐标系,该求解格式具有不同的表达。

4.3.2.3 四边形四节点等参元模型

本书选用非结构四边形网格对管道和附近土壤进行划分,在管壁附近进行加密处理。由于求解区域关于Y轴对称,因此选取右半部分进行研究即可。求解区域的网格划分如图4-12所示。其中(b)图为管壁附近放大图。

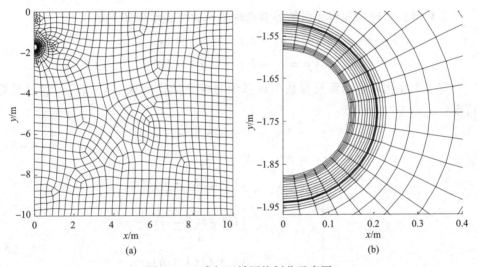

图4-12 求解区域网格划分示意图

与常用的三角形网格相比,采用四边形网格后能构造双线性插值函数,精度更高,更加逼近真实温度场。但是,直接在不规则四边形网格中求解插值函数和有限元模型十分复杂。数学上可采用等参映射的方法处理:即先将物理空间中任意四边形单元映射为参数空间内的规则正方形;然后在参数坐标系下求解该正方形单元热传导模型;最后通过坐标转换,反向映射得到物理空间中四边形单元温度值。

(1)几何坐标映射函数

将不规则四边形单元和规则的正方形单元所在空间分别称为"物理空间"

和"参数空间",对应的坐标系称为"物理坐标系"和"参数坐标系",分别用 xOy 和 $\xi O\eta$ 表示。对于物理空间中的 i、j、k、l 这4个节点,参数空间中有相应的4个节点。本文选用参数空间中 $[-1,1] \times [-1,1]$ 正方形单元节点建立映射函数,其与任意四边形单元的映射关系如图4-13所示。

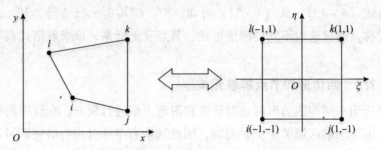

图4-13 物理坐标系和参数坐标系之间的映射关系示意图

参数坐标系向物理坐标系的等节点映射函数可表示成如下形式:

$$\begin{cases} x = a_1 + a_2\xi + a_3\eta + a_4\xi\eta \\ y = b_1 + b_2\xi + b_3\eta + b_4\xi\eta \end{cases} \quad (4-53)$$

将节点在物理坐标系及参数坐标系中对应坐标代入式(4-53)。经过计算可得:

$$\begin{cases} x = N_i x_i + N_j x_j + N_k x_k + N_l x_l \\ y = N_i y_i + N_j y_j + N_k y_k + N_l y_l \end{cases} \quad (4-54)$$

$$\begin{cases} N_i(\xi,\eta) = \dfrac{(1-\xi)(1-\eta)}{4} \\ N_j(\xi,\eta) = \dfrac{(1+\xi)(1-\eta)}{4} \\ N_k(\xi,\eta) = \dfrac{(1+\xi)(1+\eta)}{4} \\ N_l(\xi,\eta) = \dfrac{(1-\xi)(1+\eta)}{4} \end{cases} \quad (4-55)$$

式(4-55)中,$N_m(\xi,\eta)(m=i,j,k,l)$ 称为参数坐标系向物理坐标系映射时的节点形函数。需要说明的是,两类四边形单元只是在节点处一一映射,并不能保证单元内任意一点处存在相同映射关系。

(2)温度插值函数

假设温度试验函数也采用双线性插值函数形式:

$$T = c_1 + c_2\xi + c_3\eta + c_4\xi\eta \quad (4-56)$$

将 T_m($m=i,j,k,l$)以及对应的参数空间坐标代入式(4-56)中,易得

与式 (4-55) 相同的形函数。试验函数由此可表示为：

$$T = N_i T_i + N_j T_j + N_k T_k + N_l T_l \tag{4-57}$$

(3) 四边形四节点等参元求解格式的推导

根据求导链式法则，T 对 xOy 和 $\xi O \eta$ 坐标系的偏导数存在以下关系：

$$\begin{bmatrix} \dfrac{\partial T}{\partial x} \\ \dfrac{\partial T}{\partial y} \end{bmatrix} = \boldsymbol{J}^{-1} \begin{bmatrix} \dfrac{\partial T}{\partial \xi} \\ \dfrac{\partial T}{\partial \eta} \end{bmatrix} \tag{4-58}$$

其中 $\boldsymbol{J}$ 为参数空间向物理空间映射的雅克比矩阵，其表达式如下：

$$\boldsymbol{J} = \begin{bmatrix} J_{11} & J_{12} \\ J_{21} & J_{22} \end{bmatrix} = \begin{bmatrix} \dfrac{\partial x}{\partial \xi} & \dfrac{\partial y}{\partial \xi} \\ \dfrac{\partial x}{\partial \eta} & \dfrac{\partial y}{\partial \eta} \end{bmatrix} = \begin{bmatrix} \sum\limits_{m=i,j,k,l} \dfrac{\partial N_m}{\partial \xi} x_m & \sum\limits_{m=i,j,k,l} \dfrac{\partial N_m}{\partial \xi} y_m \\ \sum\limits_{m=i,j,k,l} \dfrac{\partial N_m}{\partial \eta} x_m & \sum\limits_{m=i,j,k,l} \dfrac{\partial N_m}{\partial \eta} y_m \end{bmatrix} \tag{4-59}$$

等参映射过程中，关系式 (4-60) 始终成立。该关系式可为后续计算提供方便。

$$\begin{bmatrix} \dfrac{\partial f}{\partial x} \\ \dfrac{\partial f}{\partial y} \end{bmatrix} = \boldsymbol{J}^{-1} \begin{bmatrix} \dfrac{\partial f}{\partial \xi} \\ \dfrac{\partial f}{\partial \eta} \end{bmatrix} \tag{4-60}$$

将式 (4-55) 代入式 (4-59)，可得参数空间中 $[-1,1] \times [-1,1]$ 正方形单元节点向物理空间中任意形状四边形映射的雅克比矩阵为：

$$\boldsymbol{J} = \begin{bmatrix} \dfrac{\partial N_i}{\partial \xi} & \dfrac{\partial N_j}{\partial \xi} & \dfrac{\partial N_k}{\partial \xi} & \dfrac{\partial N_l}{\partial \xi} \\ \dfrac{\partial N_i}{\partial \eta} & \dfrac{\partial N_j}{\partial \eta} & \dfrac{\partial N_k}{\partial \eta} & \dfrac{\partial N_l}{\partial \eta} \end{bmatrix} \begin{bmatrix} x_i & y_i \\ x_j & y_j \\ x_k & y_k \\ x_l & y_l \end{bmatrix} = \dfrac{1}{4} \begin{bmatrix} \eta-1 & 1-\eta & 1+\eta & -1-\eta \\ \xi-1 & -1-\xi & 1+\xi & 1-\xi \end{bmatrix} \begin{bmatrix} x_i & y_i \\ x_j & y_j \\ x_k & y_k \\ x_l & y_l \end{bmatrix} \tag{4-61}$$

利用式 (4-60) 可得形函数对物理坐标系的导数可表示成：

$$\begin{bmatrix} \dfrac{\partial N_m}{\partial x} \\ \dfrac{\partial N_m}{\partial y} \end{bmatrix} = \boldsymbol{J}^{-1} \begin{bmatrix} \dfrac{\partial N_m}{\partial \xi} \\ \dfrac{\partial N_m}{\partial \eta} \end{bmatrix} \tag{4-62}$$

将式 (4-57)、式 (4-61)、式 (4-62) 代入式 (4-47)~式(4-52) 可得：

$$R^e = K^e T^e + C^e \left[\frac{\partial T}{\partial t}\right]^e - P^e \qquad (4-63)$$

$$R^e = [R_i, R_j, R_k, R_l]^T \qquad (4-64)$$

$$T^e = [T_i, T_j, T_k, T_l]^T \qquad (4-65)$$

$$P^e = 0 \qquad (4-66)$$

$$\left[\frac{\partial T}{\partial t}\right]^e = \left[\frac{\partial T_i}{\partial t}, \frac{\partial T_j}{\partial t}, \frac{\partial T_k}{\partial t}, \frac{\partial T_l}{\partial t}\right]^T \qquad (4-67)$$

$$k_{mn} = \iint_e \lambda \left(\frac{\partial N_m}{\partial x}\frac{\partial N_n}{\partial x} + \frac{\partial N_m}{\partial y}\frac{\partial N_n}{\partial y}\right) dxdy = \iint_e \lambda |J|(J^{-1})^2$$
$$\left(\frac{\partial N_m}{\partial \xi}\frac{\partial N_n}{\partial \eta} + \frac{\partial N_m}{\partial \xi}\frac{\partial N_n}{\partial \eta}\right) d\xi d\eta \,(m,n = i,j,k,l) \qquad (4-68)$$

$$c_{mn} = \rho c_p \iint_e N_m N_n dxdy = \rho c_p \iint_e N_m N_n |J| d\xi d\eta \,(m,n = i,j,k,l) \qquad (4-69)$$

式(4-63)~式(4-69)即为内部节点的伽辽金法求解四边形四节点等参元热传导模型,其中求解 k_{mn}、c_{mn} 运用了两种坐标系转换时面积积分关系:

$$\iint f(x,y)dxdy = \iint f[x(\xi,\eta),y(\xi,\eta)]|J|d\xi d\eta \qquad (4-70)$$

(4) 数值积分

对参数空间的规则四边形单元,采用数值积分格式求解面积分。如此不仅简化计算,还能够实现运用标准化格式处理多类型的有限元问题。本文采用高斯积分求解面积分:

$$\int_{-1}^{1}\int_{-1}^{1} f(\xi,\eta) d\xi d\eta = f\left(-\frac{1}{\sqrt{3}}, -\frac{1}{\sqrt{3}}\right) + f\left(\frac{1}{\sqrt{3}}, -\frac{1}{\sqrt{3}}\right) + f\left(\frac{1}{\sqrt{3}}, \frac{1}{\sqrt{3}}\right) + f\left(-\frac{1}{\sqrt{3}}, \frac{1}{\sqrt{3}}\right)$$
$$(4-71)$$

4.3.3 边界条件的处理

热传导求解区域的边界包括绝热边界条件、第一类边界条件和第三类边界条件。具有绝热边界的单元,其热传导求解模型与内部节点相同。因此本节主要讨论第一和第三类边界条件的处理方法。

4.3.3.1 第一类边界条件

第一类边界条件又称 Dirichlet 条件,即边界处温度为定值,式(4-39)中线积分项为零,因此与内部节点求解格式相同。

处理第一类边界条件时,可采用主对角线乘大数原理。即对于代数方程组

$AX = b$,假设 x_i 为给定值 $\bar{x}_i$。对系数矩阵中的相应主对角元素 a_{ii} 乘以 ω,右侧对应值用 $\omega a_{ii}\bar{x}_i$ 替代。

$$\begin{bmatrix} a_{11} & a_{12} & \cdots & a_{1i} & \cdots & a_{1n} \\ a_{21} & a_{22} & \cdots & a_{2i} & \cdots & a_{2n} \\ \cdots & \cdots & \cdots & \cdots & \cdots & \cdots \\ a_{i1} & a_{i2} & \cdots & \omega a_{ii} & \cdots & a_{in} \\ \cdots & \cdots & \cdots & \cdots & \cdots & \cdots \\ a_{n1} & a_{n2} & \cdots & a_{ni} & \cdots & a_{nn} \end{bmatrix} \begin{bmatrix} x_1 \\ x_2 \\ \cdots \\ x_i \\ \cdots \\ x_n \end{bmatrix} = \begin{bmatrix} b_1 \\ b_2 \\ \cdots \\ \omega a_{ii}\bar{x}_i \\ \cdots \\ x_n \end{bmatrix} \quad (4-72)$$

$$a_{i1}x_1 + a_{i2}x_2 + \cdots + \omega a_{ii}x_i + \cdots + a_{in}x_n = \omega a_{ii}\bar{x}_i$$

$$\Rightarrow x_i = \bar{x}_i - \frac{a_{i1}}{\omega a_{ii}}x_1 - \frac{a_{i2}}{\omega a_{ii}}x_2 - \cdots - \frac{a_{in}}{\omega a_{ii}}x_n \approx \bar{x}_i \quad (4-73)$$

采用乘大数原理获得的不是精确解。x_i 与给定值 $\bar{x}_i$ 的逼近程度与 ω 的取值有关,一般情况下可取 $10^{10} \sim 10^{14}$ 的数量级。这种方法操作简单,便于编程实现。实际求解时,在装配后的总体温度、刚度矩阵格式上应用乘大数方法处理第一类边界条件更为简便。

4.3.3.2 第三类边界条件

第三类边界条件又称 Robin 条件:$-\lambda \frac{\partial T}{\partial n} = \alpha(T - T_f)$,代入式(4-38)中的线积分项 $-\oint_{\Gamma e} \lambda W_m \frac{\partial \tilde{T}}{\partial n} \mathrm{d}s (m = i,j,k,l)$。

规定单元只有一条边位于边界上,假设 jk 位于边界处。边界处温度插值函数为:

$$T = (1-g)T_j + gT_k (0 \leqslant g \leqslant 1) \quad (4-74)$$

$$\Rightarrow N_i = N_l = 0, N_j = 1-g, N_k = g \quad (4-75)$$

$$\mathrm{d}s = s\mathrm{d}g \quad (4-76)$$

式中 g——边界上插值系数;

s——jk 边长度,对于参数空间中正方形边长为2,对于物理空间中可用 $\sqrt{(x_j - x_k)^2 + (y_j - y_k)^2}$ 求得。因此有:

$$\begin{cases} \int_{jk} W_i \lambda \dfrac{\partial T}{\partial n} \mathrm{d}s = \int_{jk} W_l \lambda \dfrac{\partial T}{\partial n} \mathrm{d}s = 0 \\ -\int_{jk} W_j \lambda \dfrac{\partial T}{\partial n} \mathrm{d}s = \int_0^1 (1-g)\alpha[(1-g)T_j + gT_k - T_f]s\mathrm{d}g = \alpha s \left(\dfrac{1}{3}T_j + \dfrac{1}{6}T_k - \dfrac{1}{2}T_f\right) \\ -\int_{jk} W_k \lambda \dfrac{\partial T}{\partial n} \mathrm{d}s = \int_0^1 g\alpha[(1-g)T_j + gT_k - T_f]s\mathrm{d}g = \alpha s \left(\dfrac{1}{6}T_j + \dfrac{1}{3}T_k - \dfrac{1}{2}T_f\right) \end{cases}$$

(4-77)

式(4-77)相当于在式(4-63)的基础上对单元温度刚度矩阵和温度载荷列向量进行了修正。修正后的求解格式仍可表示为：

$$R^e = K^e T^e + C^e \left[\dfrac{\partial T}{\partial t}\right]^e - P^e \tag{4-78}$$

$$\begin{cases} K_{mn}^e = k_{mn}^e + \Delta k_{mn}^e \\ P_{mn}^e = \Delta p_m^e \end{cases} \tag{4-79}$$

$$\begin{cases} \Delta k_{jj} = \Delta k_{kk} = \dfrac{1}{3}\alpha s \\ \Delta k_{jk} = \Delta k_{kj} = \dfrac{1}{6}\alpha s \end{cases} \tag{4-80}$$

$$\begin{cases} \Delta p_i = \Delta p_l = 0 \\ \Delta p_j = \Delta p_k = \dfrac{1}{2}\alpha s T_f \end{cases} \tag{4-81}$$

4.3.4 单元模型的装配

将所有单元的加权余量按照式(4-39)累加后，可得全局内所有温度节点的矩阵表达格式：

$$KT + C\left[\dfrac{\partial T}{\partial t}\right] = P \tag{4-82}$$

$$\begin{cases} K_{ij} = \sum_e k_{ij}^e + \sum_e \Delta k_{ij}^e \\ C_{ij} = \sum_e c_{ij}^e \\ P_i = \sum_e \Delta p_i^e \end{cases} \tag{4-83}$$

式中 K——总体温度刚度矩阵；

T——待求的全局节点温度列向量；

C——总体变温矩阵;

$\left[\dfrac{\partial T}{\partial t}\right]$——节点温度对时间导数列向量;

P——总体温度载荷列向量;

K_{ij}、k_{ij}^e——总体和单元温度刚度矩阵元素;

C_{ij}、c_{ij}^e——总体和单元变温矩阵元素;

Δk_{ij}^e——由第三类边界产生的单元温度、刚度矩阵的修正量;

Δp_i^e——由第三类边界条件产生的单元温度载荷矩阵的修正量。

至此,对于共有 Z 个节点的连续求解区域,求解其节点温度 $[T_1, T_2, \cdots, T_Z]$ 转化成求解 Z 个代数方程的形式。单元模型装配的关键在于:装配过程中,一个节点会同时与不同单元的节点相邻,这些相邻节点均会对该节点温度方程的系数产生影响,而其他不相邻节点对该点的影响为零。总体矩阵中某节点的系数是这几个有影响的单元系数的叠加。

4.3.5 时间差分格式

对于式 (4-82),采用向后差分法求解 t 时刻温度值。即:

$$KT(t) + C\left[\dfrac{T(t) - T(t-\Delta t)}{\Delta t}\right] = P(t) \qquad (4-84)$$

$$\Rightarrow T(t) = \left(K + \dfrac{C}{\Delta t}\right)^{-1}\left[P(t) + \dfrac{C}{\Delta t}T(t-\Delta t)\right] \qquad (4-85)$$

综上所述,引入四边形网格后,插值函数精度提高,但求解难度增大。而运用等参映射方法能够解决不规则四边形单元中插值函数和有限元模型计算复杂的问题。求解过程中,等参单元节点上的形函数及其导数保持不变,通过简单的映射关系即可获得相应物理空间节点上的插值函数。该方法求解步骤统一,可归纳为等参单元的选取、参数空间形函数及其导数的计算、雅克比矩阵的求解、单元刚度和温度矩阵的求解、边界条件的实施以及有限单元的数值积分等,具体求解步骤如图 4-14 所示。

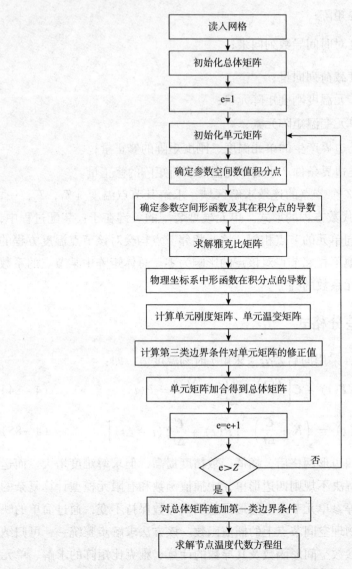

图 4-14 有限元法求解温度场步骤框图

第 5 章 预热投产水力热力耦合算法及应用

第 2 章~第 4 章分别介绍了埋地热油管道预热投产数学模型、流动方程数值求解格式以及非稳态导热微分方程的数值求解格式。本章将以双特征线结合有限法为例，阐述二者耦合求解埋地热油管道预热投产过程中水力和热力参数变化的基本思路。

同时，根据上文阐述可知，输油管道由预热转向投油启输是投产期间的一个特殊过程。在该阶段，管道内为多相介质。若热油与预热介质直接接触，则需要考虑二者之间的传热传质；若采用清管器隔离置换投油，则需要将上下游流体与清管器模型耦合求解。本章将针对清管器隔离置换投油模型，建立一种数值求解方法。

在此基础上，本章将分别介绍陆地和海底埋地热油管道预热投产过程中参数变化规律。同时，对投油时间和投产方案进行讨论。

5.1 流动方程与传热方程耦合求解方法

流体在管内流动时，是包含流体的水力与热力参数耦合、管内流体与外部环境热力耦合的双层耦合问题。求解该问题时，可选用适当数值求解方法分别求解管内流体的流动模型以及管道向外散热数学模型，然后将二者耦合，实现流动与传热问题耦合求解目标。

本节选用双特征线法求解预热投产过程中管内流体水力和热力参数瞬变；选用有限元法求解流体向外部环境散热的非稳态导热微分方程；并选取流体向管道内壁面的散热量作为流体与外部环境的热力耦合参数，实现上述两种方法耦合求解。

3.1 和 4.3 中分别介绍了双特征线法和有限单元法的数值求解思路。运用双特征线法求解时，热力和水力模型采用不同网格系统进行离散，令热力求解时间步长为水力求解的整数倍，即进行若干次水力计算后进行一次热力计算，运用有限元法求解温度场与管内热力参数求解同步进行。同时，考虑到频繁求解温度场会占用大量计算内存，使程序运行时间增长，因此可令进行若干次热力特征线计算后进行一次有限元求解。算法总图如图 5-1 所示。

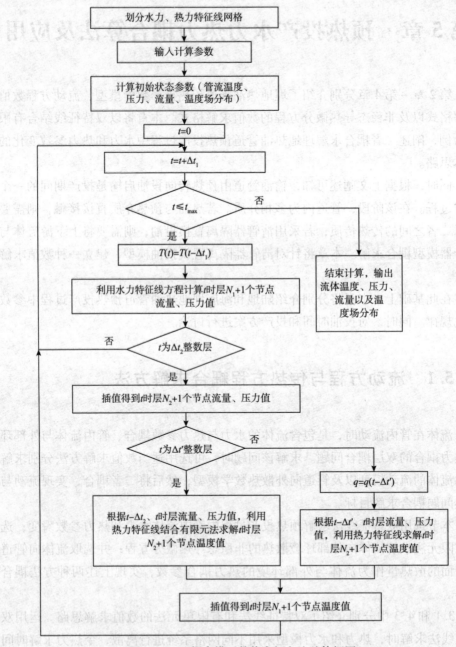

图 5-1　双耦合模型数值求解方法总体框图

管内流体流动与外部环境通过流体向内壁面散热的热流密度实现耦合。该热流密度需通过以下方式迭代求解。管内流体与内壁耦合求解方法如图 5-2 所示。

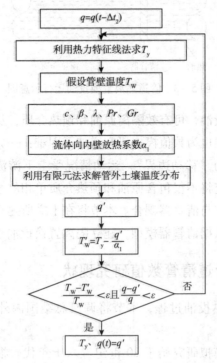

图 5-2　管内流体与内壁耦合求解方法框图

5.2　隔离置换投油模型耦合求解方法

埋地热油管道的预热和投油生产是连续的热力、水力过程，预热为管道投油生产建立必要的温度基础，而安全平稳地投油启输是海管预热的最终目的。由于投产原油和预热介质的物性、入口温度以及流量不同，管道投油后，沿线流动参数以及温度场将重新分布，整个热力系统将再次进入非稳态过程。

投油启输时，为了避免油水混合、减少下游不必要的处理负担，油水之间采用清管器隔离。因此，启输开始一段时间内，管内流动为"油顶水"，是原油-清管器-预热水三种物质同时运动的复杂情况，如图 5-3 所示，直至清管器由出口取出后内输送介质全为原油。待原油、管道、土壤形成新的稳定热力系统后，整个预热投产过程结束，热油管道进入正常运行阶段。

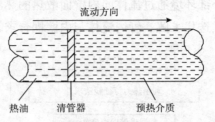

图 5-3 管道隔离置换投油运行示意图

采用清管器置换投油，可有效隔离原油和预热介质，从而降低油水混合给下游带来的处理负担，但也为数值模拟研究增加了困难：一方面，清管器作为管内隔离原油和预热介质的"移动边界"，运动情况受上下游流体压力控制；另一方面，整个热油管道系统将不仅包含原油和预热介质单相的水力热力耦合、流体与环境耦合，还兼顾流体与清管器耦合。本节将在上文所建立的流动与传热耦合求解数学方法基础上，依据清管器模型，建立隔离置换投油模型的数值求解方法。

5.2.1 油气管道清管数值研究现状

为了完整模拟预热投油过程，本节将调研总结国内外清管器数值模拟研究现状。

国外关于清管器模拟研究始于20世纪五六十年代。根据清管过程中是否会产生气液两相，清管模型可分为多相流清管模型和单相流清管模型。国外经典的气液多相流清管模型有 McDonald-Baker 模型、Barua 模型、Kohda 模型、Minami 模型、TACITE 模型、Lima 模型和 Petra 模型等。这些清管模型主要可分为两类：基于稳态假设的 McDonald-Baker 模型和基于瞬态假设的 Minami 模型，其他模型都是在这两个模型的基础上进行修正和演变得到。

从20世纪90年代起，研究者逐渐开始了单相管道中的清管研究，建立了瞬态清管模型，便于操作设计人员准确预测清管器的实际运行状态，进而改进清管操作，促进清管器的稳定运行。本文开展的研究中，清管器前后均为液态，故对单相清管模型及清管器的运动规律调研更为深入。

1995年，巴西圣保罗天主教大学 Azevedo 教授团队对带有旁通射流孔的清管器运动规律进行了富有开创性的研究。首先研究了清管器在不可压缩流体驱动下稳定运行时的运动规律，得到了如清管器运行速率、流过射孔的泄漏流量和清管器前后压差等重要参数的变化规律。随后，在更多石油公司的大力支持下，该团队将研究对象扩大至可压缩流体，综合移动网格和自适应网格求解得到了带有射孔的清管器在压缩和不可压缩的瞬变流中的运动规律，确定了清管器与管壁之间接触力的计算方法，同时建立起清管器清除管道中沉积蜡的数学模型。模拟结果得到实验参数佐证后，该团队第一个开发了用于模拟带有旁通的清管仿真软件PIGSIM。

考虑到清管过程中，管道截面可能发生变形，2001 年，Nieckele 等人在 Azevedo 的研究基础上，采用变截面建立管流连续性方程。建立直板清管器动力模型时，他们认为直板的头部到尾部区域内流体不可压缩，给出了流经清管器射流孔前后压差计算表达式，并通过有限元分析确定了直板清管器与管内壁的接触力大小。

韩国釜庆大学的 Tan Tien Nguyen 等人先后建立了清管器在水平天然气管道和通过 90°弯管时的非稳态流动模型和清管器运动模型。对于水平管道，将管流以清管器为间隔分为上、下游两个部分，采用特征线法求解，利用龙格－库塔法确定管流初始状态参数，结合管流求解结果确定清管器的运动速度和位置。数值模拟结果与在韩国 Ueijungboo-Sangye 管线上测得的清管器数据吻合，证明了建立的数学模型以及相应数值解法的正确性，为日后预测清管器运行规律提供了一类重要的数学研究手段。

2007 年，Hosseinalipour 以 Azevedo 模型为基础，研究了带有旁通射孔的清管器在有法兰和有支线的天然气管道中的运行规律，通过比较理想气体和非理想气体驱动之间的不同，进一步加深了对复杂情况下清管规律的认识。

2008 年，Tolmasquim 和 Nieckele 在 Azevedo 等人的研究基础上，建立了密封清管器的瞬态运动模型，基于有限差分编制了求解程序。该程序可用于气－液、液－液、气－气输送过程的模拟，可为研究清管器控制和设计方法奠定理论基础。伊朗设拉子大学 F. Esmaeilzadeh 等人根据模拟介质的不同，分别建立了气体和液体管道清管模型，采用与 Tan Tien Nguyen 相同的数值解法进行求解，所得预测值与两条管道的实测值吻合。同时，得到了不同时刻清管器位置以及入口流量与出口流量的对应关系，为管道日后清管操作提供了可靠依据。F. Esmaeilzadeh 的应用再一次证明了将非稳态流动模型和清管器运动模型耦合求解来确定清管器运动规律的方法是科学和准确的。伊朗亚兹德大学 Saeidbakhsh 等人建立了小清管器在走向复杂的空间管道（如螺旋管道等）中的运动模型，同样采用四阶龙格库塔法求解清管器运行规律。

国内学者在吸收消化国外成果的基础上，在清管试验、多相清管模型的建立和求解上做了大量工作。中国石油大学（华东）的李玉星、史培玉、丁浩等以空气和水作为试验介质，建立了混输管道清管试验系统，利用试验手段研究清管器的运行规律，得到了清管球两侧压降的计算关系式。他们将清管时管道内部划分为4个区域，在 Minami 模型基础上建立了水平管路两相清管过程的数学模型，利用拉格朗日跟踪技术模拟清管器在管道内的运动过程，得到了清管所需时间以及清管过程中管道压力的变化规律。然而，利用水和空气试验得到的清管球两端压差与速度关系式是否满足多清管工况有待不断验证。

2005年，李汉勇、邓涛等建立了天然气管道水试压后清管的实验装置和数学模型，以特征线法求解瞬变流过程，在清管球处建立临时移动网格，构造了在固定网格中求解清管球运动方法。所得计算结果与实际情况比较符合。徐孝轩和宫敬总结了富气输送的优点，建立了含凝析液的水平天然气管道清管瞬态数学模型，该模型将状态方程、动量方程以及能量方程耦合求解，实现了对清管球运动和管内液塞变化规律的预测，其结果与 OLGA 软件模拟值接近。该研究方法同样可以适用于其他气液两相管道的清管模拟中。

2006~2007年，刘宏波、吕平、王亚新等详细分析了皮碗清管器在运动过程中的受力情况，给出了皮碗清管器运动时所受摩擦力、剪切力的计算表达式以及清管器运动方程和清管运行时间的求解思路。杜忻洁在此受力分析基础上研究了泡沫清管器的有效运行距离。

2009年，王霞结合 Minami 清管模型与双流体混输模型建立了湿天然气管道清管数学模型，采用 BWRS 方程计算流体物性，以特征线法耦合求解方程组，从而得到清管过程中流动参数的变化规律。陈欣等运用 McDonald-Backer 模型和 Minami 模型对管道清管过程中液塞的运动规律进行了模拟计算，与实验值进行对比后指出，清管模型的选择应根据气液混合速度和清管球运行速度确定：气液比大时 McDonald-Baker 模型比 Minami 模型精度高，气液比小时相反。

2011年，王荧光等将简化的瞬态清管模型与 TACITE 模型进行了对比，结果表明，这两种模型均能够满足工程需要，但后者的模拟值与实测值吻合度更高。刘昕以水平天然气管道清管模型为基础，结合持液率的预测理论，编制了起伏天然气管线清管计算程序，该程序计算结果与 Pipephase 软件模拟值相吻合。

2012年，李大全博士综合运用气液混输理论、天然气管道运行模拟理论、清管模拟理论、水合物预测理论，建立了带有射孔的稳态、瞬态清管模型和天然气水合物形成模型，提出了一套完整的天然气管道清管过程中水合物预测方法，为防止清管过程形成水合物提供了重要的理论依据。

通过对以上关于清管模拟研究的调研可知，研究者在对清管规律进行模拟研究时，基本思路大体一致，都是将清管过程中管流方程与清管器运动方程进行耦合求解。不同点在于，建模时考虑稳态还是瞬态流动、清管过程中管道沿线划分为3个区还是4个区、混输采用哪种流体模型处理、管道是水平管还是起伏管道、管道是否看成弹性体处理，其截面积是否发生变化以及清管器是否带有旁通等。随着研究的不断深入，清管过程的模拟也与现场实际越来越贴近。我国研究者大多是以 Minami 模型和双流体模型为基础，采用有限差分进行求解。以上相关模型及数值解法，尤其是单相清管模型，可用于即将开展的对油水之间清管器的运动规律的研究。

5.2.2 清管过程数值模拟基本方法

归纳以上现状调研可知，数值求解清管过程可依据以下基本方法。

5.2.2.1 移动坐标系结合自适应网格

由于清管器沿管内计算流场运动，因此可采用一个沿管道伸展和收缩的新坐标系 η 重构流体的连续性和动量方程。新坐标系与清管器位移相关，与原坐标系关系为 $x = x(\eta, t)$。

两种坐标系 (x, t)、(η, t) 的相互关系可由下式得到：

$$\frac{D\eta}{Dt} = \frac{\partial \eta}{\partial x}\bigg|_t \frac{\partial x}{\partial t}\bigg|_\eta + \frac{\partial \eta}{\partial t}\bigg|_x = 0 \Rightarrow \frac{\partial \eta}{\partial t}\bigg|_x = -v_g \frac{\partial \eta}{\partial x}\bigg|_t \tag{5-1}$$

绝对速度 V 可表示为 $\tilde{V} + v_g$。其中，$\tilde{V}$ 为相对速度，$v_g = (\partial x / \partial t)_\eta$ 是网格速度。

对于形如式（5-2）的控制方程：

$$\frac{\partial}{\partial t}\begin{bmatrix} p \\ V \end{bmatrix} + V\frac{\partial}{\partial x}\begin{bmatrix} p \\ V \end{bmatrix} + \begin{bmatrix} \frac{\rho a^2}{\xi} \\ \frac{1}{\rho} \end{bmatrix}\frac{\partial}{\partial x}\begin{bmatrix} V \\ p \end{bmatrix} = \begin{bmatrix} -\frac{\rho a^2 V}{\xi A}\frac{\partial A}{\partial x} \\ -g\sin\alpha \end{bmatrix} - \begin{bmatrix} 0 \\ \frac{f|V|}{2D} \end{bmatrix} \tag{5-2}$$

运用式（5-1）以及式（5-3）：

$$\frac{\partial}{\partial x} = \frac{1}{h_\eta}\frac{\partial}{\partial \eta}, \frac{\partial}{\partial t} = \frac{\partial}{\partial t} - \frac{v_g}{h_\eta}\frac{\partial}{\partial \eta}, h_\eta = \frac{\partial x}{\partial \eta}\bigg|_t \tag{5-3}$$

重构后，流体的连续性和动量方程分别如下：

$$\frac{\partial}{\partial t}\begin{bmatrix} p \\ V \end{bmatrix} + \frac{\tilde{V}}{h_\eta}\frac{\partial}{\partial \eta}\begin{bmatrix} p \\ V \end{bmatrix} + \begin{bmatrix} \frac{\rho a^2}{h_\eta \xi} \\ \frac{1}{h_\eta \rho} \end{bmatrix}\frac{\partial}{\partial \eta}\begin{bmatrix} V \\ p \end{bmatrix} = \begin{bmatrix} -\frac{\rho a^2 \tilde{V}}{\xi A h_\eta}\frac{\partial A}{\partial \eta} \\ -g\sin\alpha \end{bmatrix} - \begin{bmatrix} 0 \\ \frac{f|V|}{2D} \end{bmatrix}\begin{bmatrix} p \\ V \end{bmatrix}$$

$$\tag{5-4}$$

将式（5-4）结合清管器运动模型以及适当的边界和处置条件联立，采用有限差分格式离散求解。

所谓自适应网格，即在数值计算过程中，清管器上下游流体域的空间网格数随清管器位移变化，但总网格节点数保持不变。清管器上下游网格数与流体长度呈线性关系。同时，为捕捉清管器前后流动变化，在清管器附近网格加密。

以上为该方法的主要思路，详细求解过程可参见相关参考文献。

5.2.2.2 特征线法结合固定网格

韩国 Tan Tien Nguyen 等人提出了一种基于特征线法的清管器数值模拟方法。该方法以特征线法求解清管器上下游流体参数，以清管器两端边界条件为桥梁，联通介质流动模型和清管器运动模型，达到耦合求解的目的。具体思路如下：

首先，假设清管器将上游和下游流体完全隔断，基于此假设，以清管器首末端为界将油气管道清管过程分为上游和下游两部分分别进行处理，其中，上游管段是管道入口至清管器末端，下游管段是清管器前端至管道出口；

其次，由气体和液体管道动态仿真边界条件知，对上游和下游管段进行动态流动仿真时，必须给出清管器首端和末端紧邻空间网格点处的另一边界条件，以保证上游和下游管段流动方程的封闭性；

最后，根据上下游管段介质流动的动态仿真结果，求解清管器首末端压差，并将其值代入清管器运动模型进行求解，得到清管器的运动参数，完成清管过程动态仿真。

(1) 移动边界条件处理

将清管器运动状态分为两种，第一种：如图 5-4 所示，在一个时间步长 Δt 内，清管器处于同一空间网格内；第二种：如图 5-5 所示，在一个时间步长 Δt 内，清管器运动到下一个相邻的网格点内。清管器之所以不会在一个时间步长内跨 2 个或 3 个甚至更多空间网格，原因在于特征线法中仿真时间步长 Δt 和距离

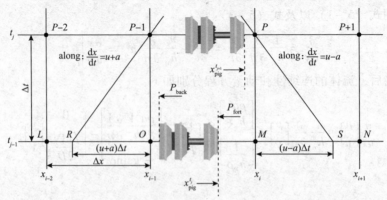

图 5-4 清管器前后端边界处理（清管器位于同一空间网格）

步长 Δx 必须满足相应的收敛条件 $[\Delta t < \Delta x/(u+a)]$，并且管道内清管器的运动速度不可能超过声速，因此，在一个仿真时间步长内不会出现清管器跨 2 个甚至更多空间网格的情况。

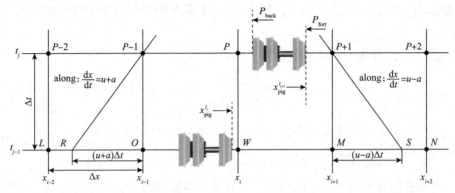

图 5-5　清管器前后端边界处理（清管器位于相邻空间网格）

对于第一种情况，在清管器首末端紧邻的网格点 $P-1$ 和 P 点处分别采用左特征线和右特征线计算 t_j 时刻该点的参数。首先，使用 $P-2$ 点处介质流速和清管器运动速度，通过线性插值求解 $P-1$ 点流速 u_{P-1}，其次使用左特征线求解 $P-1$ 点的压力 P_{P-1}。同理，通过 $P+1$ 点处介质流速和清管器运动速度的线性插值，可得 P 点的介质流速 u_P，最后使用右特征线求解 P 点的压力 P_P。与其他内部网格点处理方法相同，R、S 点处的压力、流速均通过线性插值求解。

① $P-1$ 点处流速、压力的计算公式如下：

$$u_{P-1} = u_{P-2} + \frac{x_{i-2} - x_{i-1}}{x_{i-2} - x_{\text{back}}} (v_{\text{pig}} - u_{P-2}) \quad (5-5)$$

$$\begin{cases} 气体管道： P_{P-1} = P_R + \dfrac{P_R}{a_R} \left[-(u_{P-1} - u_R) + E_{1R}\Delta t \right] \\ 液体管道： P_{P-1} = P_R + \rho_R a_{lR} \left[E_{1R}\Delta t + (u_R - u_{P-1}) \right] \end{cases} \quad (5-6)$$

式中　v_{pig}——清管器的运动速度，m/s；

　　　x_{back}——清管器末端位置，m。

② P 点处流速、压力的计算公式如下：

$$u_P = v_{\text{pig}} + \frac{x_{\text{pig}} - x_i}{x_{\text{pig}} - x_{i+1}} (u_{P+1} - v_{\text{pig}}) \quad (5-7)$$

$$\begin{cases} 气体管道： P_P = P_S + \dfrac{P_S}{a_S} \left[(u_P - u_S) + E_{2S}\Delta t \right] \\ 液体管道： P_P = P_S + \rho_S a_{lS} \left[E_{2S}\Delta t + (u_P - u_S) \right] \end{cases} \quad (5-8)$$

式中 x_{pig}——清管器首端位置，m。

如图5-5所示，当清管器在一个时间步长 Δt 内运动到相邻空间网格，仍然采用线性插值求解 $P-1$ 和 $P+1$ 点处的介质流速 u_{P-1}、u_{P+1}，随后使用左右特征线求解对应的压力 P_{P-1}、P_{P+1}，其中 P_{P-1} 计算方法与式（5-5）、式（5-6）相同。

③$P+1$ 点处压力、流速的计算公式如下：

$$u_{P+1} = v_{pig} + \frac{x_{i+1} - x_{pig}}{x_{i+2} - x_{pig}} (u_{P+2} - v_{pig}) \tag{5-9}$$

$$\begin{cases} 气体管道：P_{P+1} = P_S + \dfrac{P_S}{a_S}\left[(u_{P+1} - u_S) + E_{2S}\Delta t\right] \\ 液体管道：P_{P+1} = P_S + \rho_S a_{lS}\left[E_{2S}\Delta t + (u_{P+1} - u_S)\right] \end{cases} \tag{5-10}$$

当清管器运动到下一个网格点，清管器末端紧邻网格点 P 较为特殊，该网格点处介质的流动速度通过清管器的运动速度 v_{pig} 和 $P-1$ 点处流速 u_{P-1} 的线性插值求解。P 点的压力 P_P 通过 $P-2$ 和 $P-1$ 点处压力的线性插值求解。

$$u_P = u_{P+1} + \frac{x_{back} - x_{i-1}}{x_i - x_{i-1}} (v_{pig} - u_{P-1}) \tag{5-11}$$

$$P_P = 2P_{P-1} - P_{P-2} \tag{5-12}$$

（2）清管器首末端压差

清管器压差是清管器的驱动力，是连接管道流动方程和清管器运动方程的关键。可通过线性插值求解清管器前后两端压力及其压差，随后将其带入清管器运动方程，采用龙格-库塔法进行求解，从而得到清管器的运动速度、位置，完成管输介质流动方程和清管器运动方程的耦合求解。

$$P_{back} = P_{P-1} + \frac{x_{back} - x_{i-1}}{x_{i-1} - x_{i-2}} \tag{5-13}$$

$$P_{fort} = P_P + \frac{x_{pig} - x_i}{x_i - x_{i+1}} (P_P - P_{P+1}) \tag{5-14}$$

$$F_P(t) = \frac{\Delta P_{pig}}{A} = \frac{P_{fort} - P_{back}}{A} \tag{5-15}$$

式中 P_{back}——清管器末端压力，Pa；

P_{fort}——清管器首端压力，Pa；

ΔP_{pig}——清管器首末端压差，Pa。

李汉勇、邓涛等对该方法进行了改进，在清管球处建立了临时移动网格，深化了在固定网格中求解清管球运动方法。以上是采用特征线法求解清管模型的基本思路，具体解法详见相关参考文献。

除上述方法外，玉星、史培玉、丁浩等在 Minami 模型基础上建立了水平管路两相清管过程的数学模型。运用拉格朗日跟踪技术，在清管器和段塞前锋创建临时网格，构造双流体模型的有限差分格式进行求解，为清管过程数值模拟提供了另一种求解思路。

5.2.3 隔离置换投油耦合算法

本节介绍基于双特征线法建立埋地热油管道隔离置换投油数值算法。隔离置换过程中，管内流体被清管器划分为上游热油和下游预热水两个部分，清管器的头部和尾部自然形成了两个移动边界。流体的水力参数以及清管器运动模型可根据式（5-5）~式(5-15) 求解，本节重点讨论管内流体热力参数的求解方法。

选择与求解水力参数不同的网格系统求解热力参数。该网格上各节点的水力参数可由同时层水力计算节点参数插值得到。因为海管被清管器分为上下游两部分，所以上游采用原油物性求解，下游采用水的物性求解。在具体求解方法上，仍采用热力特征线结合有限元法，但是对于个别情况需要特殊处理。

（1）清管器上游节点

根据由 $t = (i-1)\Delta t_4$ 至 $t = i\Delta t_4$ 时，清管器是否运动至下一空间步长，可分为两种情况，如图 5-6 和图 5-7 所示。

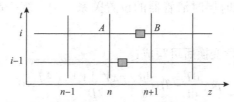

图 5-6　含清管器热力计算示意图（清管器未进入下一空间步长）

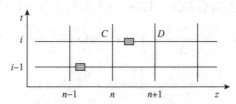

图 5-7　含清管器热力计算示意图（清管器进入下一空间步长）

其中，根据 $i-1$ 时层清管器与热力特征线的位置关系，图 5-7 所述情况仍包含以下两种情况，如图 5-8（a）和（b）所示。

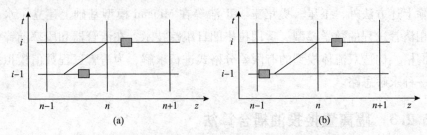

图5-8 清管器进入下一空间步长时两种情况示意图

管道入口至 $n-1$ 节点温度可根据原油物性应用式 (3-26) 求解，而确定节点 n 的温度时，需要对图5-6~图5-8中不同情况分别处理。

①对于图5-6所述情况，仍根据式 (3-26) 求解 n 节点油温。

②对于图5-8 (a)，可根据 $i-1$ 时层清管器尾部和 $n-1$ 节点压力、流量，采用热力特征线法求解 i 时层 n 节点温度；对于图5-8 (b) 中的情况，由于此时热力特征线两端流体物性不同，求解时可根据 i 时层上游节点外推确定。

(2) 清管器下游节点

清管器下游大部分节点温度也可根据式 (3-26) 求得。对于与清管器头部相邻的下游节点 $[z=(n+1)\Delta z_4]$，即图5-6和图5-7中的 B、D 点进行特殊处理。其中，求解 D 点温度仍可采用热力特征方程，而求解 B 点温度则需要讨论热力特征线与 $i-1$ 时层时清管器的位置关系。为了统一起见，可采用如下方法处理。

能量方程经过数学变换后可写成：

$$\rho c_p \frac{\mathrm{d}T}{\mathrm{d}t} - T\beta \frac{\mathrm{d}p}{\mathrm{d}t} - \frac{\rho \lambda V^2 |V|}{2D} + \frac{4q}{D} = 0 \qquad (5-16)$$

采用变换后的能量方程的差分格式求解式 (5-16)、式 (5-18)。采用时间上向前差分、空间上向后差分，其在 $n+1$ 点的差分格式可写成：

$$\rho c_p \left(\frac{T_{n+1}^i - T_{n+1}^{i-1}}{\Delta t} + V_{n+1}^i \frac{T_{n+2}^{i-1} - T_{n+1}^{i-1}}{\Delta z} \right) - T_{n+1}^i \beta \left(\frac{p_{n+1}^i - p_{n+1}^{i-1}}{\Delta t} + V_{n+1}^i \frac{p_{n+2}^{i-1} - p_{n+1}^{i-1}}{\Delta z} \right) -$$

$$\frac{\rho \lambda (V_{n+1}^i)^2 |V_{n+1}^i|}{2D} + \frac{4q_{n+1}^i}{D} = 0 \qquad (5-17)$$

整理后可得：

$$T_{n+1}^i = \frac{\dfrac{\lambda (Q_{n+1}^i)^2 |Q_{n+1}^i|}{2DA^3} - \dfrac{4q_{n+1}^i}{D\rho} + c_p \dfrac{T_{n+1}^{i-1}}{\Delta t} - \dfrac{c_p}{A} Q_{n+1}^i \dfrac{T_{n+2}^{i-1} - T_{n+1}^{i-1}}{\Delta z}}{\dfrac{c_p}{\Delta t} - \dfrac{\beta}{\rho} \left(\dfrac{p_{n+1}^i - p_{n+1}^{i-1}}{\Delta t} + Q_{n+1}^i \dfrac{p_{n+2}^{i-1} - p_{n+1}^{i-1}}{A\Delta z} \right)} \qquad (5-18)$$

式（5-18）结合有限单元法即可用于求解与清管器头部相邻的下游节点温度值。

需要说明的是，求解上述温度过程中，仍需要采用有限元法，以流体向管内壁放热量作为流体与外部耦合参数，以实现流体-管道-环境的热力耦合。

（3）插值求解清管器温度

得到与清管器头尾两端相邻节点的温度后，插值确定清管器头、尾部的温度。

$$T_{tail}^i = T_{n-1}^i - \frac{z_{n-1}^i - z_{tail}^i}{z_{n-1}^i - z_n^i}(T_{n-1}^i - T_n^i) \qquad (5-19)$$

$$T_{nose}^i = T_{n+1}^i + \frac{z_{nose}^i - z_{n+1}^i}{z_{n+1}^i - z_{n+2}^i}(T_{n+1}^i - T_{n+2}^i) \qquad (5-20)$$

清管器由管道出口取出后，管内介质为单一原油。该阶段热力、水力求解方法与预热过程基本相同，仅在物性及初始条件等个别方面有所差异，因此不作详细描述。

基于以上分析研究，并结合投油与预热之间关系，采用双特征线结合有限元法模拟投油后的热力水力非稳态过程，可以获得管内流体压力、流速、温度、管外温度场分布以及清管器的运行规律。含清管器的埋地热油管道隔离置换投油过程数学模型的水力、热力以及总框图如图5-9~图5-11所示。

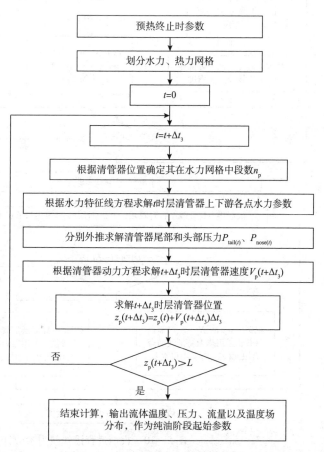

图5-9 投油过程水力计算总框图

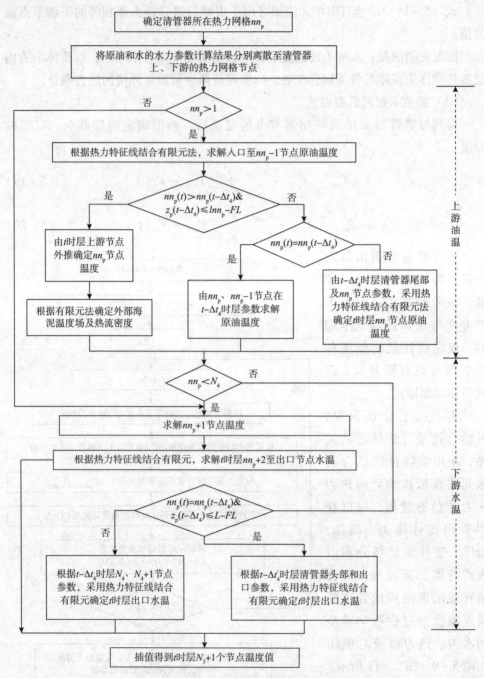

图 5-10 投油过程沿线热力参数计算框图

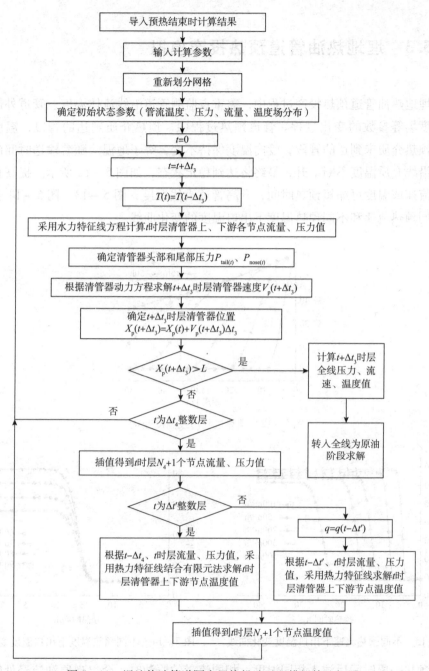

图 5-11 埋地热油管道隔离置换投油过程模拟算法框图

5.3　埋地热油管道预热投产模拟

埋地热油管道预热投产过程中，需重点监测管道沿线流体温度、管道外部土壤温度场等参数的变化过程。管道预热过程中，预热介质到达的管段，温度升高；预热介质未到达的管段，管内温度保持不变，等于地温。随着输送时间的延长，沿线介质温度不断上升，最终将达到稳定状态，如图 5-12 所示。提高预热介质流速或温度可缩短预热时间，升高管道沿线温度，图 5-13、图 5-14 分别为不同预热流速和不同预热温度下出口温度的变化曲线。

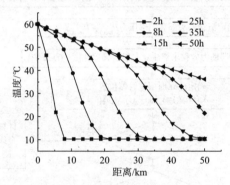

图 5-12　预热过程沿线温度变化

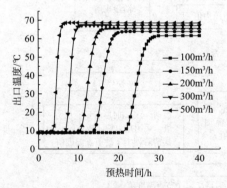

图 5-13　不同预热流速下出口温度变化曲线　　图 5-14　不同预热温度下出口温度变化

预热一段时间后注入相同温度、相同流量的原油时，会出现原油流经处管道外壁附近温度较预热时略微降低的现象，出口油温也较水温有所下降。这是由于原油比热容比水小，投油后管内介质与周围的换热量减小，沿线温度场重构，原油流经管段温度随之降低。待管道沿线建立起相应温度场后油温再逐渐升高，并最终趋于稳定如图 5-15 所示。

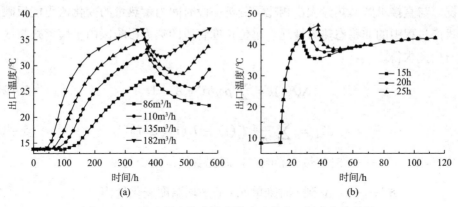

图 5-15　陆地埋地热油管道投油过程出口温度变化情况

因此为避免出口温度明显降低,可提高投油温度,或取投油输量为预热输水量的一倍,以保证前后热容量相近。

海底管道由预热转入投油启输后,管道沿线温度也会出现一定幅度降低,如图 5-16 所示。但是与陆上埋地热油管道投油后温度变化不同,海底埋地管道投油后,管道出口的原油温度不会随投油时间逐渐上升,或上升幅度极其微弱。也就是说,海底管道投油后,油头温度最高,然后单调将至稳态油温,即在投油后出口油温的整个瞬态变化过程中,没有出现低于原油建立稳定温度场时的出口温度,如图 5-17 所示。这可归因于,与陆地埋地管道相比,海管输送热流体过程中,海泥散热量大,海管对海泥的热力影响相对较小。与初始状态相比,海泥温度场变化微弱,无法显著提升管内流体温度,因此没有出现陆地埋地管道预热投产时出口油温先降低、后升高的现象。

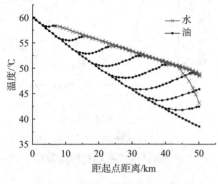

图 5-16　投油后沿线温度变化

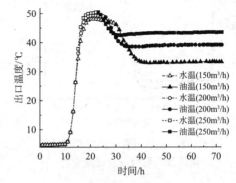

图 5-17　不同投油流量下出口温度
随时间的变化曲线

埋地管道周围土壤蓄热量可从另一个侧面反映埋地管道与周围土壤的热交换情况。与直接求解蓄热量大小相比，分析一段时间内蓄热量的变化值更能反映预热投产过程中的非稳态热力情况。单位长度管段的热力影响区内土壤蓄热量的变化可由此求得。

$$\Delta Q(t) = \sum_{i=1}^{n} \rho c_p \delta \bar{T}_i \cdot A_i \cdot 1 \qquad (5-21)$$

$$\delta \bar{T}_i = \sum_{j=1}^{m} \frac{1}{m} [T_j^i(t) - T_j^i(t-\Delta t)] \qquad (5-22)$$

式中 $\Delta Q(t)$——t 时刻热力影响区内海泥蓄热量的变化量，J；

$\delta \bar{T}_i$——$t-\Delta t$ 到 t 时刻单元 i 的平均温度变化量，℃；

A_i——单元 i 的面积，m^2；

n——总单元数，无因次；

m——单元中的节点数，无因次；

$T_j^i(t)$——t 时刻、i 单元内 j 节点温度，℃。

图 5-18、图 5-19 为某海底管道预热过程中海管沿线蓄热量随时间变化。由该计算结果可知，随着预热进行，海泥蓄热量持续增加，其增量的变化趋势与温度变化趋势相同：当流体开始升温时，该截面蓄热量增量变大；温度稳定时，增量也趋于平稳。因此，一段时间内，也可用海管沿线蓄热量的变化表征该段时间内流体温度的变化情况。预热前后沿线土壤温度变化情况也可根据蓄热量的总体增量求得。

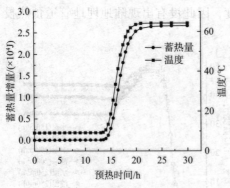

图 5-18 预热过程中海底管道计算截面蓄热量增量及温度变化

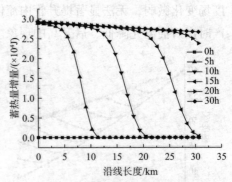

图 5-19 预热过程中不同时刻海管沿线蓄热量增量分布

5.4 投油时间确定

确定合理的投油时机是研究热油管道预热的重要目的之一。经过长期理论研究和现场实践，对投油时管道所需具备的条件形成了以下共识。

陆地管道投油时，一般需要满足如下两个条件：
（1）热力条件：最低进站油温应至少高于原油凝点3℃；
（2）水力条件：投产时沿线总摩阻需在输送泵和管道所能承受的压力范围内。

海洋石油研究人员根据海管现场经验，对上述投产条件进行了相应修改和补充：
（1）投油时，海管出口预热介质温度需高于所输油品的凝点；
（2）输送原油流量不应低于预热介质流量；
（3）保温管的总传热系数小于1.75W/(m·℃)。

理论研究时，投油时机的确定是以模拟预热过程为基础的。通过求解预热过程中预热介质以及土壤温度场变化来确定预热时长。所遵循的原则目前可分为两大类。一是陈国群、王昆等提出的根据"蓄热量相等"原理，步骤为先计算出热油以规定水力、热力条件到达终点时的土壤蓄热量，再计算预热过程中的土壤蓄热量。二者相等时刻即为所需投油时间。实测数据表明，在夏秋季节，当预热过程管道外部厚度为 $h_t - R_w$ 的环形土壤层蓄热量积累至该厚度稳定蓄热量的35%~50%时，即可投油生产。

另一种确定预热时长的方法是基于管道出口流体温度。考虑到投油后，管道出口油温可能呈现先下降后上升的趋势，因此实施时又可分为按照出口最低油温投油和按照出口预热介质温度投油。显然，对于现场操作人员而言，根据出口预热介质温度判断投油的操作性更强。研究已经证明，只要管道末端介质温度达到预热温度要求，就可以开始投油生产。为安全起见，通常要求投油时终点温度略高于原油凝固点3~5℃。对于海底管道，当管道末段预热介质温度高于凝点即可投油启输。

表5-1 部分研究中的热油启输原则

年份	作者	研究对象	启输原则
2005	陈国群等	埋地热油管道	蓄热量相等
2010	王昆等	埋地热油管道	蓄热量相等
2013	Xing X等	尼日尔国家管道	出口最低油温

续表

年份	作者	研究对象	启输原则
2014	郑利军等	海底管道	出口水温度 = 凝点
2015	杨宇航等	海底管道	出口水温度 = 凝点 + (3~5)℃
2018	郝永顺等	海底管道	出口水温度 = 凝点 + (4~6)℃
2018	刁宇等	天津港 – 华北石化原油管道	出口水温度 = 凝点 + (3~5)℃

表 5-1 为部分研究中所采用的热油投油时间确定方法。不同管道结构、敷设形式以及所输送原油性质有所差异，上述启输原则难以完全覆盖。精准确定热油启输时间需要采用数学分析或数值模拟方法求解预热投产过程，得到投油后的最低温度，并结合实际情况，选取一定安全裕量，从而确定合理投油时机。

5.5 投产方案研究

5.5.1 优化投产方案研究

当预热水源初始温度一定时，受制于埋地管道首站加热炉功率，可形成不同的预热投产方案：预热流量越大，预热水温度越低；相反，预热流量减小，预热水温度相应升高。因此，有必要以加热炉热负荷为限定条件，讨论加热炉满负荷运行情况下不同预热方案的预热效果差异。

参考文献和笔者研究均表明，无论陆上还是海底管道，相同加热功率下，高流速结合低温度的方案明显升温快，预热效果好，可大幅缩短管道投产时间。以文献中 P-2 管段预热计算结果为例：加热炉率为 5000kW、水源温度为 53℃、极限流量为 350m³/h，加热炉满负荷运行情况下可获得如下预热方案，其效果对比如表 5-2 所示。

表 5-2 加热炉满负荷运行时不同预热方案效果对比

流量/(m³/h)	预热温度/℃	稳定温度/℃	稳定时间/h	总耗水量/m³
350	65.2	60.4	9.4	3290
300	67.3	61.6	10.6	3180
250	70.1	63.2	13.3	3325
200	74.4	65.7	15.6	3120
150	81.6	69.7	21	3150

由表 5-2 和图 5-20 所示结果可以看出，各预热方案下，稳定温度和稳定时间随预热流量的增加呈现下降趋势，降幅逐渐减小。预热流量由 150m³/h 增加至 350m³/h，稳定温度由 69.7℃ 降低至 60.4℃，稳定所需时间由 21h 缩短至 9h。各方案间，温度稳定时消耗水量随着流量增大呈现波动趋势，但总体上差异较小。因此可认为，当投产时间紧迫时，相同加热功率下，高流速结合低温度的预热方案更能尽快满足现场预热投产要求。

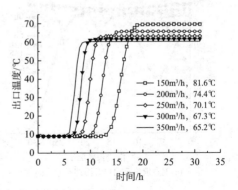

图 5-20 加热炉满负荷运行时不同预热方案出口温度变化

5.5.2 反向预热投产研究

以上讨论均是基于预热介质沿管道正向输送预热管道。现实中存在采用反向预热 + 正向投油或者正反输交替预热 + 正向投油的方式。埋地管道反向预热的数值模拟方法与正向预热相同，仅在上下游边界处进行必要区分即可。模拟正反向交替预热时，需根据反输流量和温度，重新划分水力和热力网格，并将正输预热结束时的全线参数作为反向预热的初始条件，内插至反向预热计算网格中。流向变化可通过流速的正负号加以区分。图 5-21 为不同海水温度下反向预热完毕后流体温度分布；图 5-22、图 5-23 为正向预热一定时间后反向预热过程。

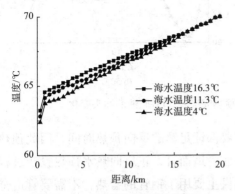

图 5-21 不同海水温度下反向预热完毕后管内流体温度分布

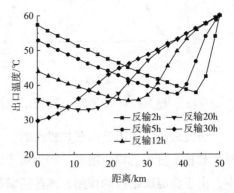

图 5-22 反向预热时沿线温度变化

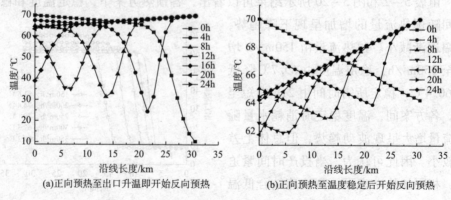

(a)正向预热至出口升温即开始反向预热　　(b)正向预热至温度稳定后开始反向预热

图 5-23　反向预热过程海管沿线温度变化曲线

以上研究表明，若采用反向预热，管道沿线温度的稳定值以及升温所需时间与相同环境下的正向预热模拟结果基本一致。当采用正反输交替预热时，预热过程中温度变化行为与反输起始状态，即正向预热时长有关。

反向预热后投油时，由于管道沿线上游水温低、下游水温高，原油温度变化与正向预热投油规律不同。但其数值模拟方法仍可采用前文所述方式。图 5-24 为不同热水温度正、反向预热后投入 50℃原油启输时原油油头变化情况。

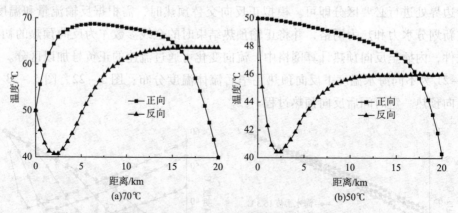

(a)70℃　　(b)50℃

图 5-24　不同温度热水正、反向预热完毕投 50℃原油的油头变化

研究表明，采用反向预热投产时，需要保证足够的反向预热时间，因此预热时长和耗水量均会相应增加。特别对于海底管道而言，正反向热水预热投产过程中，由于保温层结构的作用，预热所需热量主要用于钢管的蓄热，不需要管道全程预热，而反向预热为了保证油头进入管道初段后的温度不低于允许温度，需要管道全程预热，从而造成反向预热后，出站热油油头在短暂温度降低后，沿程温度均保持上升状态，而正向预热由于只需要保证进站温度不低于允许温度，其不

需要管道全程预热，较反向预热所需水量及时间大大减低，所以在海上平台能够保证正向预热所需工艺条件的情况下，正向预热方案较为经济合理。

除了以上预热方式外，现实投产时，特别是海上油田群投产，将面临若干个平台及其连接管段同时投产，这就涉及管道相互之间的联网预热。海上平台间管道一般采用从有预热资源的平台向无预热资源的平台进行，与此同时还需要考虑预热介质的处理。此时，需要结合预热介质和平台设备综合考虑预热方案，做到流程简化、操作简单、管理方便，图5-25为某海上油田管网联网预热流程。采用数值模拟方法可以得到海上油田群不同管段联网预热过程中流体温度随时间变化行为，如图5-26所示，为海上复杂管网预热方案设计提供借鉴。

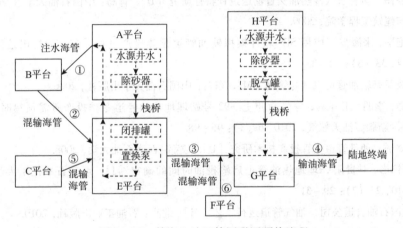

图5-25 某海上油田管网联网预热流程

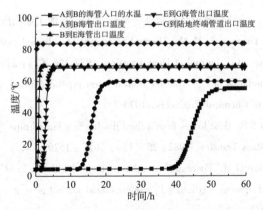

图5-26 海上管网联网预热过程中温度变化

参考文献

[1] 高鹏,高振宇,王峰,等.2018年中国油气管道建设新进展[J].国际石油经济,2019,27(3):54-59.

[2] 中华人民共和国国家发展和改革委员会.石油发展"十三五"规划[R].2016.

[3] 蒋华义.输油管道设计与管理[M].北京:石油工业出版社,2010.

[4] 杨显志.海底输油管道传热实验研究[D].大庆:大庆石油学院石油工程学院,2007.

[5] 杨杰伟.黄青管线冷热油交替输送过程特性研究[D].青岛:中国石油大学(华东)储运与建筑工程学院,2009.

[6] 杜艳平,来海雷.应用SPS软件模拟输油管道预热投产过程[J].油气田地面工程,2014,33(8):32-33.

[7] 杨筱蘅.输油管道设计与管理[M].东营:中国石油大学出版社,2006.

[8] 邓静,李朋,王建秀,等.百重七—92号站埋地热油管道冬季投产所需预热时间计算[J].新疆石油天然气,2010,6(3):96-98.

[9] 井懿平.西部管道空管投产技术研究[D].成都:西南石油大学,2008.

[10] 顾锦彤,马贵阳.埋地热油管道启输投油时间的确定[J].辽宁石油化工大学学报,2010,23(2):29-31.

[11] 中国石油管道公司.油气管道运行工艺[M].北京:石油工业出版社,2010.

[12] 凌霄.热油管道非稳态流动传热数值模拟研究进展[J].油气储运,2008,27(5):12-15.

[13] 杨筱蘅,张国忠.输油管道设计与管理[M].北京:石油工业出版社,1996.

[14] Thiyagarajan R, Yovanovich M M. Thermal resistance of a buried cylinder with constant flux boundary condition [J]. Journal of Heat Transfer, 1974, 96 (2): 249-250.

[15] Wheeler J A. Simulation of heat transfer from a warm pipeline buried in permafrost [M]. American Institute of Chemical Engineers, 1973.

[16] Bau H H, Sadhai S S. Heat losses from a fluid flowing in a buried pipe [J]. International Journal of Heat and Mass Transfer, 1982, 25 (11): 1621-1629.

[17] Himasekhar K, Bau H H. Thermal convection associated with hot/cold pipes buried in a semi-infinite, saturated, porous medium [J]. International journal of heat and mass transfer, 1987, 30 (2): 263-273.

[18] 李长俊.埋地输油管道的热力计算[J].西南石油学院学报,1997,19(1):79-84.

[19] 邢晓凯,张国忠.埋地热油管道正常运行温度场的确定[J].油气储运,1999,18(12):28-30.

［20］ Song W. Thermal transfer analysis of buried pipelines［J］. Taylor and Francis Inc, 2004, 40 (2): 75 – 79.

［21］ Song W. Thermal transfer analysis of unpaved and paved freezing soil media including buried pipelines［J］. Numerical Heat Transfer, Part A: Applications, 2005, 48 (6): 567 – 583.

［22］ 崔慧, 吴长春. 热油管道非稳态工况传热与流动的耦合计算模型［J］. 石油大学学报: 自然科学版, 2005, 29 (3): 101 – 105.

［23］ 崔慧. 埋地热油管道总传热系数的研究［J］. 油气储运, 2005, 24 (12): 17 – 21.

［24］ 刘素枝. 热油管道温降及土壤温度场数值模拟［J］. 辽宁石油化工大学学报, 2009, 29 (2): 42 – 45.

［25］ Yu B, Li C, Zhang Z, et al. Numerical simulation of a buried hot crude oil pipeline under normal operation［J］. Applied Thermal Engineering, 2010, 30 (17): 2670 – 2679.

［26］ Xu B, Xue X, Yao Z, et al. Numerical simulation of crude pipeline using moisture-heat coupled thermal equation［J］. Advanced Materials Research, 2011, 268 – 270 (5): 154 – 159.

［27］ Yu G, Yu B, Han D, et al. Unsteady-state thermal calculation of buried oil pipeline using a proper orthogonal decomposition reduced-order model［J］. Applied Thermal Engineering, 2013, 51 (1): 177 – 189.

［28］ Banerjee S, Cole J V, Jensen K F. Nonlinear model reduction strategies for rapid thermal processing systems［J］. Semiconductor Manufacturing, IEEE Transactions on, 1998, 11 (2): 266 – 275.

［29］ Białecki R A, Kassab A J, Fic A. Reduction of the dimensionality of transient FEM solutions using proper orthogonal decomposition, 2003［C］. 2003.

［30］ Astrid P. Reduction of process simulation models: a proper orthogonal decomposition approach［D］. Eindhoven: Technische Universiteit Eindhoven, 2004.

［31］ Białecki R A, Kassab A J, Fic A. Proper orthogonal decomposition and modal analysis for acceleration of transient FEM thermal analysis［J］. International journal for numerical methods in engineering, 2005, 62 (6): 774 – 797.

［32］ Fic A, Białecki R A, Kassab A J. Solving transient nonlinear heat conduction problems by proper orthogonal decomposition and the finite-element method［J］. Numerical Heat Transfer, Part B: Fundamentals, 2005, 48 (2): 103 – 124.

［33］ 张青松, 陆焱洪, 王宏, 等. 基于 PHOENICS 埋地输油管道非稳态传热数值研究［J］. 天然气与石油, 2007, 25 (3): 24 – 26.

［34］ 张青松, 赵会军, 张庆国, 等. 埋地输油管道非稳态传热数值研究［J］. 管道技术与设备, 2007, 15 (1): 12 – 13.

［35］ 赵会军, 张青松, 张国忠, 等. 热油管道停输过程土壤温度场 PHOENICS 数值模拟［J］. 石油化工高等学校学报, 2007, 19 (4): 76 – 79.

［36］ 杜明俊, 马贵阳, 苏凯. 水下热油管道停输过程中原油温降规律的数值模拟［J］. 辽宁

石油化工大学学报, 2010, 30 (3): 51-54.

[37] 朱红钧, 陈小榆, 王雪, 等. 水下热油管道停输温降过程的数值模拟 [J]. 特种油气藏, 2009, 16 (2): 98-99.

[38] 张帆. 埋地高凝油管道运行及停输再启动研究 [D]. 大庆: 东北石油大学, 2012.

[39] 刘晓娜, 赵会军. 原油顺序输送对土壤温度场的影响 [J]. 安徽农业科学, 2009, 36 (34): 14969-14970.

[40] 刘晓娜, 赵会军, 张廷全. 稳定的热油温度场对后续冷油温度的影响 [J]. 天然气与石油, 2009, 27 (2): 5-7.

[41] 齐晗兵. 海底输油管道停启传热问题研究 [D]. 大庆: 大庆石油学院, 2009.

[42] АГАПКИНВМ. 原油和油品管道的热力与水力计算 [M]. 北京: 石油工业出版社, 1986.

[43] 菱田干雄, 长野靖尚, 孙元. 水平圆管内高普朗特数流体的凝固 [J]. 石油学报, 1985, 6 (4): 87-99.

[44] 安家荣, 李才. 水下和架空原油管道停输温降规律研究 [J]. 石油大学学报: 自然科学版, 1995, 19 (4): 70-73.

[45] 李长俊, 李丙文. 热油管道停输数值模拟 [J]. 油气储运, 2001, 20 (7): 28-31.

[46] 李长俊, 纪国富, 王元春. 加热原油管道停输热力计算 [J]. 西南石油大学学报: 自然科学版, 2000, 22 (2): 84-88.

[47] 李长俊, 曾自强. 热油管道停输冷却规律研究 [J]. 石油学报, 1992, 13 (S1): 149-156.

[48] 吴国忠, 庞丽萍, 卢丽冰, 等. 埋地输油管道热力计算数值求解结果分析 [J]. 油气田地面工程, 2001, 20 (2): 1-2.

[49] 吴国忠, 曲洪权, 庞丽萍, 等. 埋地输油管道非稳态热力计算数值求解方法 [J]. 油气田地面工程, 2001, 20 (6): 6-7.

[50] 吴明, 邓秋远. 埋地热油管道停输径向温降规律研究 [J]. 石油化工高等学校学报, 2001, 14 (3): 45-50.

[51] 吴明, 杨惠达, 邓秋远. 热油管道停输过程中土壤温度变化规律研究 [J]. 西安石油学院学报: 自然科学版, 2002, 17 (4): 51-55.

[52] 李伟, 张劲军. 埋地含蜡原油管道停输温降规律 [J]. 油气储运, 2004, 23 (1): 4-8.

[53] 卢涛, 孙军生, 姜培学. 架空原油管道停输期间温降及原油凝固界面推进 [J]. 石油化工高等学校学报, 2005, 18 (4): 54-57.

[54] 卢涛, 姜培学. 埋地原油管道停输期间温降及原油凝固传热模型及数值模拟 [J]. 热科学与技术, 2005, 4 (4): 298-303.

[55] 卢涛, 佟德斌. 饱和含水土壤埋地原油管道冬季停输温降 [J]. 北京化工大学学报, 2006, 33 (4): 37-40.

[56] 王兵, 李长俊, 马云强. 热油管道安全停输时间数值模拟 [J]. 管道技术与设备, 2007, (5): 12-14.

[57] 林名桢. 含蜡原油输送管道再启动模型的研究 [D]. 青岛: 中国石油大学 (华东), 2007.

[58] 李伟. 埋地热油管道非稳态水力热力工况的数值模拟及应用研究 [D]. 北京: 中国石油大学 (北京), 2007.

[59] Xu C, Yu B, Zhang Z, et al. Numerical simulation of a buried hot crude oil pipeline during shutdown [J]. Petroleum Science, 2010, 7 (1): 73 – 82.

[60] Slodička M, Lesnic D, Onyango T. Determination of a time-dependent heat transfer coefficient in a nonlinear inverse heat conduction problem [J]. Inverse Problems in Science and Engineering, 2010, 18 (1): 65 – 81.

[61] Liu E, Li C, Jia W, et al. Simulation of shutdown and restarting process of heated oil pipelines, 2010 [C]. IEEE, 2010.

[62] 刘晓燕, 王海燕, 宫秀艳, 等. 热油管道停输介质温度分布数学模型分析与新模型的建立 [J]. 科学技术与工程, 2010, 10 (28): 6874 – 6877.

[63] 许丹, 申龙涉, 杜明俊, 等. 埋地热油管道停输三维非稳态传热过程的数值模拟 [J]. 辽宁石油化工大学学报, 2010, 30 (004): 47 – 50.

[64] 高艳波, 马贵阳, 姚尧, 等. 海底热油管道悬空段停输温降过程的数值模拟 [J]. 科学技术与工程, 2012, 20 (21): 5279 – 5282.

[65] 李涛. 停输架空管道内介质温度场影响因素分析 [D]. 大庆: 东北石油大学石油工程学院, 2013.

[66] 高庭禹. 带油管道施工动火的安全措施 [J]. 油气储运, 1997, 6 (4): 37 – 39.

[67] 林金贤. 管道动火作业的隔离与扫线 [J]. 油气储运, 1999, 18 (4): 29, 37.

[68] 康凯. 埋地热油管道修复过程热力分析及模拟计算 [D]. 大庆: 东北石油大学, 2010.

[69] 刘扬, 魏立新, 王平, 等. 输油管道在线修复开挖长度优化方法 [J]. 石油学报, 2001, 22 (4): 92 – 96.

[70] 黄金萍, 李俊国, 陈元强, 等. 埋地管道防腐层大修对管道运行的热力影响 [J]. 油气储运, 2006, 25 (12): 37 – 42.

[71] 陈保东, 田娜, 孙宾来, 等. 埋地原油管道在线修复时站间温降的计算 [J]. 油气储运, 2006, 25 (9): 20 – 24.

[72] 田娜, 陈保东, 张震, 等. 埋地热输原油管道在线修复时站间温降随输量的变化 [J]. 沈阳工程学院学报: 自然科学版, 2006, 2 (1): 10 – 12.

[73] 罗晓雷, 付丽, 董美. 埋地原油管道在线修复时站间温降的计算优化 [J]. 当代化工, 2010, 39 (3): 295 – 297.

[74] 石成. 在役修复热油管道非稳态热力计算 [D]. 大庆: 大庆石油学院石油工程学院, 2007.

[75] 李伟, 宇波, 张劲军, 等. 热油管道防腐层大修期间热力参数的数值模拟 [J]. 中国石油大学学报: 自然科学版, 2009, 33 (1): 103 – 108.

[76] 田娜,陈其胜,陈保东. 不停输原油管道大修对站间运行参数的影响 [J]. 油气储运, 2008, 27 (7): 24-27.

[77] 宇波,付在国,李伟,等. 热油管道大修期间停输与再启动的数值模拟 [J]. 科技通报, 2011, 27 (6): 890-894.

[78] 王凯,张劲军,宇波. 冷热原油交替顺序输送中加热时机的经济比选 [J]. 中国石油大学学报: 自然科学版, 2008, 32 (5): 102-107.

[79] Bontkes P. Batching crude oil and NGL through a Canadian trunkline [J]. Pipe line industry, 1989, 70 (6): 15-16.

[80] Baum J S, Hansen L I, Brown C A, et al. Multi-product pipelines-western Canadian experience, 1998 [C]. 1998.

[81] McHugh M, Hanks K. Pacific pipeline designed with latest leak detection technology [J]. Pipe line & gas industry, 1998, 81 (3): 87-93.

[82] Mecham T, Stanley G, Pelletier M. High speed data communications and high speed leak detection models: Impact of thermodynamic properties for heated crude oil in large diameter, insulated pipelines: application to pacific pipeline system: Proceedings of 2000 International Pipeline Conference, Calgary, Canada, 2000 [C].

[83] Mecham T, Wikerson B, Templeton B. Full Integration of SCADA, field control systems and high speed hydraulic models-application pacific pipeline system: 2000 International Pipeline Conference, Calgary, Canada, 2000 [C]. 2000.

[84] Shauers D, Sarkissian H, Decker B, et al. California line beats odds, begins moving viscous crude oil [J]. Oil and Gas Journal, 2000, 98 (15): 54-64.

[85] 崔秀国,张劲军. 冷热油交替顺序输送过程热力问题的研究 [J]. 油气储运, 2004, 23 (11): 15-19.

[86] 丁芝来,梁静华. 冷热油交替顺序输送中热力问题分析 [J]. 油气储运, 2006, 24 (10): 46-49.

[87] 王树立,史小军,刘强,等. 随环境变化的土壤热波动特性研究 [J]. 油气储运, 2007, 26 (11): 49-51.

[88] 刘强,王树立,赵会军,等. 原油顺序输送管道寿命的分析研究 [J]. 石油机械, 2007, 35 (4): 22-24.

[89] 王凯,张劲军,宇波. 冷热油交替输送加热方案的经济比选 [J]. 西南石油大学学报: 自然科学版, 2008, 30 (2): 158-162.

[90] 王凯,张劲军,宇波. 原油差温顺序输送管道温度场的数值模拟研究 [J]. 西安石油大学学报: 自然科学版, 2008, (06): 63-66.

[91] 施雯,吴明. 冷热原油顺序输送过程不稳态传热问题的研究 [J]. 油气田地面工程, 2008, 27 (12): 16-17.

[92] 宇波,徐诚,张劲军. 冷热原油交替输送停输再启动研究 [J]. 油气储运, 2009, 28

(11): 4 – 16.

[93] 周建, 王凯, 邹晓琴, 等. 长输管道冷热油交替输送热力影响因素分析 [J]. 油气储运, 2009, 28 (6): 15 – 17.

[94] 王琪, 马贵阳, 孙楠. 冷热原油交替输送管道周围土壤温度场的数值模拟 [J]. 辽宁石油化工大学学报, 2009, 29 (3): 44 – 47.

[95] 龚智力, 杨建平, 吴丽萍. 顺序输送对管道轴向温降影响的数值模拟 [J]. 宁波工程学院学报, 2009, 21 (3): 60 – 62.

[96] 吴玉国. 冷热原油顺序输送技术研究 [D]. 青岛: 中国石油大学 (华东) 储运与建筑工程学院, 2010.

[97] 周诗崇, 吴明. 冷热油交替输送管道安全停输时间计算 [J]. 油气田地面工程, 2010, 29 (012): 29 – 31.

[98] 邱姝娟, 张进军, 张强, 等. 西部原油管道冷热交替输送技术研究 [J]. 石油工程建设, 2011, 37 (4): 59 – 62.

[99] 王凯, 张劲军, 宇波. 原油管道差温顺序输送水力 – 热力耦合计算模型 [J]. 油气储运, 2013, 32 (2): 143 – 151.

[100] 邢晓凯, 孙瑞艳, 王世刚. 西部原油管道冷热油交替输送过程温度场 [J]. 北京工业大学学报, 2013, 4: 21.

[101] 杨云鹏, 刘宝玉, 张玉廷, 等. 冷热原油顺序输送温度场波动规律 [J]. 辽宁石油化工大学学报, 2013, 33 (1): 53 – 56.

[102] 李传宪, 施静. 冷热原油顺序输送过程的热力分析 [J]. 中国石油大学学报: 自然科学版, 2013, 37 (2): 112 – 118.

[103] 赵兴民. 输油管道双管同沟敷设的数值计算 [D]. 大庆: 东北石油大学, 2012.

[104] 王乾坤, 张争伟, 石悦, 等. 埋地油气管道并行敷设技术发展现状 [J]. 油气储运, 2011, (01): 1 – 5.

[105] 赵燕辉, 吴明, 张纯静. 油气管道并行敷设技术研究现状 [J]. 节能技术, 2012, (05): 447 – 450.

[106] 宇波, 凌霄, 张劲军, 等. 成品油管道与热原油管道同沟敷设技术研究 [J]. 石油学报, 2007, (05): 149 – 152.

[107] Yu B, Wang Y, Zhang J, et al. Thermal impact of the products pipeline on the crude oil pipeline laid in one ditch—The effect of pipeline interval [J]. International Journal of Heat and Mass Transfer, 2008, 51 (3 – 4): 597 – 609.

[108] Yu B, Lin M J, Tao W Q. Automatic generation of unstructured grids with Delaunay triangulation and its application [J]. Heat and mass transfer, 1999, 35 (5): 361 – 370.

[109] 张争伟, 凌霄, 王凯, 等. 同沟敷设中成品油管道对原油管道顺序输送的热力影响 [J]. 油气储运, 2008, (06): 10 – 14.

[110] 凌霄, 王艺, 宇波, 等. 原油成品油管道同沟敷设新技术中的热力分析 [J]. 中国工程

科学, 2008, (11): 30-36.

[111] 凌霄, 王艺, 宇波, 等. 新大线同沟敷设热力分析 [J]. 工程热物理学报, 2009, (02): 299-301.

[112] 石悦. 长距离并行敷设输油管道的热力影响研究 [D]. 北京: 中国石油大学（北京）, 2009.

[113] 万书斌, 陈保东, 韩莉, 等. 双管同沟技术中的土壤温度场的计算 [J]. 管道技术与设备, 2009, (02): 19-22.

[114] 吴峰, 肖磊, 张治军. 埋地管道同沟敷设非稳态传热数值模拟 [J]. 油气储运, 2010, (07): 524-527.

[115] 叶栋文, 王岳, 杜明俊, 等. 同沟并行管道周围土壤温度场的数值模拟 [J]. 辽宁石油化工大学学报, 2010, (04): 26-29.

[116] Zhu H, Yang X, Li J, et al. Simulation analysis of thermal influential factors on crude oil temperature when double pipelines are laid in one ditch [J]. Advances in Engineering Software, 2013.

[117] 田娜, 陈保东, 何利民, 等. 季节性冻土区同沟原油成品油管道的周围土壤温度场 [J]. 节能技术, 2011, (02): 113-117.

[118] 田娜, 陈保东, 何利民, 等. 并行埋地管道准周期土壤温度场的数值模拟 [J]. 科技导报, 2011, (08): 44-48.

[119] 田娜, 陈保东, 何利民, 等. 同沟敷设原油和成品油管道三维温度场的数值模拟 [J]. 石油化工高等学校学报, 2011, (02): 92-96.

[120] 梁月, 陈保东, 高岩, 等. 冻土区同沟敷设管道水热耦合数值模拟 [J]. 当代化工, 2011, (09): 982-984.

[121] 田娜, 陈保东, 何利民, 等. 同沟敷设原油、成品油管道稳态温度场解析公式 [J]. 油气储运, 2012, 31 (2): 103-105.

[122] 吴琦, 陈保东, 田娜, 等. 同沟敷设热油管道总传热系数计算方法 [J]. 石油化工高等学校学报, 2010, (04): 76-79.

[123] 吴琦, 陈保东, 饶心, 等. 同沟敷设中热油管道停输过程模拟分析 [J]. 油气田地面工程, 2011, (03): 22-24.

[124] 吴琦, 陈保东, 杜强, 等. 同沟敷设管道沿线停输温降计算分析 [J]. 石油化工高等学校学报, 2012, (02): 61-65.

[125] 张志宏, 李可夫, 张文伟, 等. 埋地并行管道温度场模拟的边界条件 [J]. 油气储运, 2013, (06): 601-603.

[126] 王乾坤, 宇波, 孙长征, 等. 油气管道并行敷设热力影响 [J]. 石油学报, 2012, (02): 320-326.

[127] 王乾坤, 宇波, 孙长征, 等. 两种不同并行敷设热力影响对比研究 [J]. 工程热物理学报, 2011, (05): 787-790.

[128] 陈国群,马克锋,丁芝来,等. 热油管道启输投产热力计算 [J]. 油气储运, 2005, 24 (7): 13-16.

[129] 孙超,王为民,晏金龙,等. 埋地热油管道正向预热过程的计算与分析 [J]. 管道技术与设备, 2008, 16 (2): 15-17.

[130] 鹿钦礼,马贵阳. 输油管道预热介质流速对预热时间的影响 [J]. 辽宁石油化工大学学报, 2011, 31 (1): 28-31.

[131] 陈超. 管道启输过程传热问题研究 [D]. 大庆:大庆石油学院石油工程学院, 2005.

[132] 李长俊,骆建武,陈玉宝. 埋地热油管道启输热力数值模拟 [J]. 油气储运, 2002, 21 (12): 16-19.

[133] 李长俊,曾自强. 埋地热油管道启输过程的传热计算 [J]. 石油规划设计, 1993, 4 (4): 38-41.

[134] 顾锦彤,马贵阳. 埋地热油管道启输过程土壤温度场三维数值模拟 [J]. 辽宁石油化工大学学报, 2009, 29 (4): 53-56.

[135] Chen G Q, Zhao M H, Xu B. Thermal characteristics simulation of the commissioning process for new buried heated oil pipelines [J]. Advanced Materials Research, 2011, 30 (1): 610-616.

[136] Patience G S, Mehrotra A K. Laminar start-up flow in short pipe lengths [J]. The Canadian Journal of Chemical Engineering, 1989, 67 (6): 883-888.

[137] Vedeneev D E. Combined thermal-momentum start-up in long pipes [J]. International Journal of Heat and Mass Transfer, 1990, 33 (9): 78-84.

[138] 郑平,吴明,张国忠,等. 埋地热油管道预热启输传热仿真研究 [J]. 系统仿真技术, 2009, 5 (3): 192-195.

[139] Ma G, Gu F, Gu J, et al. Numerical Simulation on Soil Temperature Field around Underground Hot Oil Pipelines and Medium Temperature-Drop in the Process of Staring: Proceedings of the International Conference on Pipelines and Trenchless Technology 2009, Shanghai, China, 2009 [C].

[140] 卢涛,孙军生,姜培学. 埋地热油管道预热启输过程外界气温及预热水温对土壤温度场的影响 [J]. 太阳能学报, 2006, 27 (10): 1053-1057.

[141] Li Y, Wu C, Yu Y. Parallel computing on the preheating and commissioning of hot oil pipelines, 2013 [C]. Atlantis Press, 2013.

[142] Xing X, Dou D, Li Y, et al. Optimizing control parameters for crude pipeline preheating through numerical simulation [J]. Applied Thermal Engineering, 2013, 51 (1): 890-898.

[143] 王昆,王东生,孙超. 埋地热油管道正向预热过程的计算 [J]. 油气储运, 2010, 29 (1): 25-27.

[144] 黄福其,张家鳅,谢守穆,等. 埋地输油管道启输过程的传热计算 [J]. 油气储运, 1982, 1 (1): 13-17.

[145] 李宝山. 热输管道温度场动态传热计算的研究 [D]. 北京：中国石油大学（北京），1995.

[146] 黄强，万捷，郭峰. 总传热系数在冷管投产过程中的变化及计算 [J]. 油气储运，2004，23（8）：12-15.

[147] 尹志勇，朱方平，陈明. 海四联外输管道停输与不预热投产过程的研究 [J]. 油气储运，2004，23（3）：10-12.

[148] 崔秀国，张劲军. 埋地热油管道稳定运行条件下热力影响区的确定 [J]. 石油大学学报：自然科学版，2004，28（2）：75-78.

[149] 臧建兵. 热油管道预热过程土壤温度场数值计算 [J]. 中国科技信息，2006，27（22A）：99.

[150] 王岳，石宇，翁蕾. 埋地热输管道预热温度场分析与计算 [J]. 天然气与石油，2006，24（4）：18-19.

[151] 蒋绿林，付迁，张青松. 埋地输油管道非稳态传热数值研究 [J]. 炼油技术与工程，2007，37（5）：36-39.

[152] 叶志伟，王瑞金. 预热管道中原油沿程温降和土壤温度场数值模拟 [J]. 石油化工高等学校学报，2009，22（4）：77-80.

[153] 韩秀梅. 油、水混合预热投油过程中传热数值计算 [J]. 石油化工高等学校学报，2013，26（3）：65-68.

[154] 王龙，崔秀国，苗青，等. 埋地原油管道预热及停输过程的大型环道试验 [J]. 实验室研究与探索，2011，30（1）：22-25.

[155] 李少华，尚增辉，公茂柱，等. 埋地热油管道预热过程周围土壤温度场蓄热量计算 [J]. 当代化工，2012，41（12）：1412-1414.

[156] 吴国忠，李栋，齐晗兵. 海底埋地管道启输计算模型的建立 [J]. 西安石油大学学报：自然科学版，2007，22（4）：96-99.

[157] Barletta A, Lazzari S, Zanchini E, et al. Transient heat transfer from an offshore buried pipeline during start-up working conditions [J]. Heat Transfer Engineering, 2008, 29（11）：942-949.

[158] 喻西崇，李清平，安维杰，等. 海底混输管道停输和再启动瞬态流动规律研究 [J]. 工程热物理学报，2008，29（2）：251-255.

[159] 陈志华，何玲玲，刘洪波，等. 高温高压海底管道流动开启与关闭过程时变温度场研究 [J]. 工业建筑，2016，46（11）：33-39.

[160] 路长友. 输油管道非稳态热力、水力过程研究及应用 [D]. 大庆石油学院，2008.

[161] 郑利军，汤森，丁俊刚，等. 海底管道正向预热时机分析 [J]. 油气储运，2014，33（2）：20-24.

[162] 王勇. 基于数值模拟方法的海底热油管道预热投产过程研究 [D]. 成都：西南石油大学，2016.

[163] 崔慧. 热油管道热力非稳态工况的数值模拟研究 [D]. 北京：中国石油大学（北京），2006.

[164] 海洋石油工程设计指南编委会. 海洋石油工程海底管道设计 [M]. 北京：石油工业出版社，2007.

[165] 张国忠. 管道瞬变流动分析 [M]. 东营：中国石油大学出版社，2008.

[166] 刘恩斌. 输油管道泄漏检测技术研究 [D]. 成都：西南石油学院，2005.

[167] 秦华. 热油管道停输后管内流体凝固的固液截面移动规律研究 [D]. 西安：西安石油大学，2009.

[168] 吴国忠，庞丽萍，卢丽冰，等. 埋地输油管道非稳态热力计算模型研究 [J]. 油气田地面工程，2002，21（1）：92-93.

[169] 刘晓燕，赵军，石成，等. 土壤恒温层温度及深度研究 [J]. 太阳能学报，2007，28（5）：494-498.

[170] 孙旭，陈欣，刘爱侠. 清管器类型与应用 [J]. 清洗世界，2010，26（6）：36-41.

[171] 刘刚，陈雷，张国忠，等. 管道清管器技术发展现状 [J]. 油气储运，2011，30（9）：646-653.

[172] 李成钢，张敬安，郑辉，等. 油气管道清管器分类研究 [J]. 化学工程与装备，2013，38（10）：97-99.

[173] 王彬. QK18-2 至 QK18-1 平台海管清管研究 [D]. 成都：西南石油大学，2013.

[174] 张琳，苏欣. 伴生气管线的清管器优选研究 [J]. 西南石油大学学报，2008，30（2）：151-154.

[175] 杜炘洁，宋晓琴，于进. 输油管道清管器的有效运行距离 [J]. 油气田地面工程，2012，31（8）：17-18.

[176] Esmaeilzadeh F, Mowla D, Asemani M. Mathematical modeling and simulation of pigging operation in gas and liquid pipelines [J]. Journal of Petroleum Science and Engineering, 2009, 69 (1): 100-106.

[177] 宋泞杉. 海底天然气管道射流清管器清管过程研究 [D]. 成都：西南石油大学，2018.

[178] 李大全. 天然气管道清管过程水合物生成预测技术研究 [D]. 成都：西南石油大学石油工程学院，2012.

[179] 梁颖. 海底输油管道停输再启动研究 [D]. 成都：西南石油大学石油与天然气工程学院，2014.

[180] 沈仲棠，刘鹤年. 非牛顿流体力学及其应用 [M]. 北京：高等教育出版社，1987.

[181] Dodge D W, Metzner A B. Turbulent flow of non-Newtonian systems [J]. AIChE Journal, 1959, 5 (2): 189-204.

[182] 杨世铭，陶文铨. 传热学 [M]. 第四版. 北京：高等教育出版社，2006.

[183] 周湄生. 最新温标纯水密度表 [J]. 计量技术，2000，31（3）：40-42.

[184] 李永杰. 体积管校准规范中水的膨胀系数的计算 [J]. 中国仪器仪表，2008，27（8）：

61-64.

[185] 国家质量技术监督检验检疫总局. JJG 209—2010 中华人民共和国国家计量检定规程 [S]. 2010.

[186] 陈家琅. 计算油、气、水物理性质参数的新公式 [J]. 油气田地面工程, 1988, 7 (4): 9-13.

[187] 陈家琅. 高等学校教学用书石油气液两相管流 [M]. 北京: 石油工业出版社, 1989.

[188] 王双成. 液态饱和水的物性计算 [J]. 化工设计, 1999, 9 (6): 29-30.

[189] 于萍. 工程流体力学 [M]. 北京: 科学出版社, 2008.

[190] 王凯. 输油管道泄漏检测技术研究 [D]. 西安: 西安理工大学高等技术学院, 2004.

[191] 任伟建, 孙勤江, 林百松, 等. 基于自适应免疫算法的输油管道泄漏定位研究 [J]. 信息与控制, 2007, 36 (5): 634-638.

[192] 陈琦, 林伟国. 基于广义回归神经网络的管道泄漏精确定位方法 [J]. 中南大学学报: 自然科学版, 2011, 42 (s1): 943-948.

[193] 欧阳伟雄. 埋地热油管道停输再启动计算方法研究 [D]. 大庆: 大庆石油学院, 2007.

[194] 孙伟栋. 海底输油管道传热模拟计算 [D]. 大庆: 大庆石油学院, 2007.

[195] 国家能源局. SY/T 7517-2010 原油比热容的测定方法 [S]. 北京: 中国标准出版社, 2010.

[196] 李传宪. 原油流变学 [M]. 东营: 中国石油大学出版社, 2007.

[197] 国家石油和化学工业局. SY/T 7549-2000 原油黏温曲线的确定旋转黏度计法 [S]. 东营: 石油工业出版社, 2000.

[198] 张国忠, 张足斌. 管流液体的有效剪切速率 [J]. 油气田地面工程, 2000, 19 (1): 1-3.

[199] 孟令德. 含蜡原油管道结蜡规律与清管周期确定 [D]. 大庆: 东北石油大学, 2012.

[200] 蒋洪, 朱聪, 雷利. 土壤导热系数法测定魏荆输油管道总传热系数 [J]. 油气储运, 2006, 25 (6): 48-51.

[201] 张文轲, 张劲军, 宇波. 土壤含水率对埋地管道热力影响的数值模拟 [J]. 油气田地面工程, 2011, 30 (4): 22-24.

[202] 周晓红. 稠油油水混输规律及工艺设计方法研究 [D]. 成都: 西南石油大学, 2009.

[203] 邢晓凯, 张国忠, 安家荣, 等. 海底双重保温管道传热特性研究 [J]. 油气储运, 2000, 19 (5): 31-34.

[204] Wylie E B, Streeter V L. Fluid transients [M]. New York: McGraw-Hill International Book Co., 1978.

[205] 江春波, 张永良, 丁则平. 计算流体力学 [M]. 北京: 中国电力出版社, 2007.

[206] Chaudhry M H. Applied hydraulic transients [M]. New York: Van Nostrand Reinhold, 1979.

[207] Watters G Z. Modern analysis and control of unsteady flow in pipelines [M]. Ann Arbor: Ann

Arbor Science, 1980.

[208] Chaudhry M H. Analysis and control of unsteady flow in pipelines [J]. Canadian Journal of Civil Engineering, 1985, 12 (3): 722-723.

[209] Mantri V B, Preston L B, Pringle C S. Computer program optimizes natural gas pipe line operation [J]. Pipe Line Industry, 1986, 65 (1): 145-153.

[210] Shen Z, Liu W, Zhao X, et al. The water hammer analysis and protection research on Lijiahe reservoir long distance water transmission pressure pipeline [J]. Water & Wastewater Engineering, 2011, 37 (S1): 412-415.

[211] Boucetta R, Zamoum M, Tikobaini M. Numerical modeling of transients in gas pipeline [J]. International Journal of Physical Sciences, 2014, 9 (9): 82-90.

[212] Taylor T D, Wood N E, Powers J E. A computer simulation of gas flow in long pipelines [J]. Society of Petroleum Engineers Journal, 1962, 2 (4): 297-302.

[213] Hall Jr O P. Application of digital simulation techniques to a natural gas transmission system: Fall Meeting of the Society of Petroleum Engineers of AIME, Denver, Colorado, 1969 [C]. Society of Petroleum Engineers, 28 September-1 October, 1969.

[214] Streeter V L, Wylie E B. Natural gas pipeline transients [J]. Society of Petroleum Engineers Journal, 1970, 10 (4): 357-364.

[215] Wylie E B, Stoner M A, Streeter V L. Network system transient calculations by implicit method [J]. Society of Petroleum Engineers Journal, 1971, 11 (4): 356-362.

[216] Rachford Jr H H, Dupont T. Some applications of transient flow simulation to promote understanding the performance of gas pipeline systems [J]. Society of Petroleum Engineers Journal, 1974, 14 (2): 179-186.

[217] 王寿喜, 曾自强. 管网模拟特征线法 [J]. 天然气工业, 1986, 6 (2): 84-94.

[218] 李长俊, 曾自强, 江茂泽. 天然气在管道系统中不稳定流动的分析 [J]. 天然气工业, 1994, 14 (6): 54-59.

[219] 鄂学全, 刘国华, 王薇, 等. 特征线法分析长距离输油管道的流动瞬变过程 [J]. 水动力学研究与进展, 1998, 13 (4): 430-440.

[220] Kowalczuk Z, Gunawickrama K. Leak detection and isolation for transmission pipelines via nonlinear state estimation: 4th IFAC SAFEROCESS, Minneapolis, 2000 [C]. 2000.

[221] 邓松圣, 周明来, 蒲家宁. 分析管流水力-热力瞬变的双特征线法 [J]. 应用数学和力学, 2002, 23 (6): 627-634.

[222] Afshar M H, Rohani M. Water hammer simulation by implicit method of characteristic [J]. International Journal of Pressure vessels and piping, 2008, 85 (12): 851-859.

[223] Lohrasbi A R, Attarnejad R. Water hammer analysis by characteristic method [J]. American Journal of Engineering and Applied Sciences, 2008, 1 (4): 287-293.

[224] Abuiziah I, Oulhaj A, Sebari K, et al. Controlling transient flow in pipeline systems by desur-

ging tank with automatic air control [J]. International Journal of Physical, Natural Science and Engineering, 2013, 7 (12): 334-340.

[225] 王霞. 大口径高压输气管道清管技术研究 [D]. 东营: 中国石油大学（华东）, 2009.

[226] Zhao J, Ma M, Huang N, et al. Study on simulation technology for crude storage operational process [M] //Lin S, Huang X. Springer Berlin Heidelberg, 2011: 532-537.

[227] 孙良. 基于模型的油气管道泄漏检测与定位方法研究 [D]. 北京: 北京化工大学, 2010.

[228] 阳子轩. 复杂管道泄漏检测技术研究 [D]. 武汉: 武汉理工大学, 2011.

[229] 罗绍卓. 长距离浆体管道瞬变流研究及其计算软件开发 [D]. 长沙: 湖南大学, 2011.

[230] Huang W D, Fan H G, Chen N X. Transient simulation of hydropower station with consideration of three-dimensional unsteady flow in turbine, 2012 [C]. IOP Publishing, 2012.

[231] Nourollahi E, Rahimi A B, Davarpanah E. Simulation of gas pipelines leakage using modified characteristics method [J]. Journal of Energy Resources Technology, 2012, 134 (2): 1-6.

[232] Benson R S. The thermodynamics and gas dynamics of internal combustion engines [M]. Horlock, J H and Winterbone, D E eds. UK: Clarendon Press Oxford, 1982.

[233] John K. No steady, one-dimensional, internal, compressible flows [M]. Oxford: Oxford University Press, 1993.

[234] Wood S L. Modeling of pipeline transients: modified method of characteristics [D]. Miami: Florida International University, 2011.

[235] 贺帅. 管道堵塞水力瞬态模拟分析 [D]. 大连: 大连理工大学, 2013.

[236] 骆伟. 高含CO_2天然气管道输送技术研究 [D]. 成都: 西南石油大学, 2013.

[237] Zhang X, Yu B, Wang Y, et al. Numerical study on the commissioning charge-up process of horizontal pipeline with entrapped air pockets [J]. Advances in Mechanical Engineering, 2014, 6 (1): 1-13.

[238] 李长俊, 贾文龙. 油气管道多相流 [M]. 北京: 化学工业出版社, 2015.

[239] 姚朝辉, 周强. 计算流体力学入门 [M]. 北京: 清华大学出版社, 2010.

[240] Murty Bhallamudi S, Hanif Chaudhry M. Computation of flows in open-channel transitions [J]. Journal of Hydraulic Research, 1992, 30 (1): 77-93.

[241] Anderson J D. Computational fluid dynamics: the basics with applications. [M]. New York: McGraw-Hill, Inc, 1995.

[242] Chaudhry M H, Hussaini M Y. Second-order accurate explicit finite-difference schemes for waterhammer analysis [J]. Journal of fluids engineering, 1985, 107 (4): 523-529.

[243] 李长俊, 曾自强, 江茂泽. 天然气在管道系统中不稳定流动的分析 [J]. 天然气工业, 1994, 14 (6): 54-59.

[244] 孙建国, 王寿喜. 气体管网的动态仿真 [J]. 油气储运, 2001, 20 (8): 18-21.

[245] 李长俊. 天然气管道输送 [M]. 第二版. 北京: 石油工业出版社, 2008.

[246] 汪玉春. 管网系统分析 [M]. 成都：西南石油大学，2010.

[247] MacCormack R W. The effect of viscosity in hypervelocity impact cratering：AIAA Hypervelocity Impact Conference, Cincinnati, Ohio, 1969 [C]. AIAA.

[248] 陈龙淼，钱林方. 复合材料身管膛内气流与固壁传热分析 [J]. 南京理工大学学报：自然科学版，2008, 32（3）：327 – 332.

[249] 李松波. 用 MacCormack 二步格式计算无粘流场的数值实践 [J]. 空气动力学学报，1983, 4：000.

[250] MacCormack R W. Numerical solution of the interaction of a shock wave with a laminar boundary layer, 1971 [C]. Springer, 1971.

[251] MacCormack R W. A rapid solver for hyperbolic systems of equations, 1976 [C]. Springer, 1976.

[252] MacCormack R W. An efficient numerical method for solving the time-dependent compressible Navier-Stokes equations at high Reynolds number [J]. 1976.

[253] MacCormack R W, Lomax H. Numerical solution of compressible viscous flows [J]. Annual Review of Fluid Mechanics, 1979, 11（1）：289 – 316.

[254] MacCormack R W. A numerical method for solving the equations of compressible viscous flow [J]. AIAA Journal, 1982, 20（9）：1275 – 1281.

[255] MacCormack R W. Computational method in viscous flows [M]. New York：W. G. Habash-Pineridge Press, 1984.

[256] Leer B V, Thomas J L, Roe P L. A comparison of numerical flux formulas for the Euler and Navier-Stokes equations：8TH Computational Fluid Dynamics Conference, 1987 [C].

[257] Biringen S, Saati A. Comparison of several finite-difference methods [J]. Journal of Aircraft, 1990, 27（1）：90 – 92.

[258] Van Albada G D, Van Leer B, Roberts Jr W W. A comparative study of computational methods in cosmic gas dynamics [J]. Astronomy and Astrophysics, 1982, 108：76 – 84.

[259] Hixon R. On increasing the accuracy of MacCormack schemes for aeroacoustic applications [M]. Lewis Research Center, 1996.

[260] Hixon R. Evaluation of a high-accuracy MacCormack-type scheme using benchmark problems [J]. Journal of Computational Acoustics, 1997, 6（03）：291 – 305.

[261] Hixon R. A new class of compact schemes [J]. AIAA paper, 1998, 367.

[262] Hixon R, Turkel E. Compact implicit MacCormack-type schemes with high accuracy [J]. Journal of Computational Physics, 2000, 158（1）：51 – 70.

[263] Anghaie S, Chen G. A computational fluid dynamics and heat transfer model for gaseous core and very high temperature gas-cooled reactors [J]. Nuclear science and engineering, 1998, 130（3）：361 – 373.

[264] David F, Higham D J. MacCormack's Method for Advection-Reaction Equations [J]. 1999.

[265] Lu Q. Thermodynamic evolution of phase explosion during high-power nanosecond laser ablation [J]. Physical Review E, 2003, 67 (1): 16410.

[266] Selle A, Fedkiw R, Kim B, et al. An unconditionally stable MacCormack method [J]. Journal of Scientific Computing, 2008, 35 (2-3): 350-371.

[267] Glass D E, Özişik M N, McRae D S, et al. Hyperbolic heat conduction with temperature-dependent thermal conductivity [J]. Journal of Applied Physics, 1986, 59 (6): 1861-1865.

[268] Malinowski L, Bielski S. Transient temperature field in a parallel-flow three-fluid heat exchanger with the thermal capacitance of the walls and the longitudinal walls conduction [J]. Applied Thermal Engineering, 2009, 29 (5): 877-883.

[269] De Martino G, D Acunto B, Fontana N, et al. Dynamic response of continuous buried pipes in seismic areas [EB/OL]. (2006-01-01)

[270] Corrado V, D Acunto B, Fontana N, et al. Estimation of dynamic strains in finite end-constrained pipes in seismic areas [J]. Mathematical and Computer Modelling, 2009, 49 (3): 789-797.

[271] Amokrane H, Villeneuve J P. A numerical method for solving the water flow equation in unsaturated porous media [J]. Ground Water, 1996, 34 (4): 666-674.

[272] Fiedler F R, Ramirez J A. A numerical method for simulating discontinuous shallow flow over an infiltrating surface [J]. International Journal for Numerical Methods in Fluids, 2000, 32 (2): 219-239.

[273] Kazezyılmaz-Alhan C M, Medina M A, Rao P. On numerical modeling of overland flow [J]. Applied Mathematics and Computation, 2005, 166 (3): 724-740.

[274] Liang D, Lin B, Falconer R A. Simulation of rapidly varying flow using an efficient TVD-MacCormack scheme [J]. International journal for numerical methods in fluids, 2007, 53 (5): 811-826.

[275] Inan A, Balas L. Numerical modeling of extended mild slope equation with modified maccormack method [J]. WSEAS Transactions on Fluid Mechanics, 2009, 4 (1): 14-23.

[276] Chaudhry M H, Bhallamudi S M, Martin C S, et al. Analysis of transient pressures in bubbly, homogeneous, gas-liquid mixtures [J]. Journal of Fluids Engineering, 1990, 112 (2): 225-231.

[277] Albayrak K, Burtaskiray D, Eralp O C, et al. A Parametric Study of Surge and Flow Instabilities in Gas Pipeline Compression Systems: The Effect of Pipe Parameters on Surge Margins: ASME International Mechanical Engineering Congress & Exposition, New Orleans, Louisiana, 2002 [C]. American Society of Mechanical Engineers, 2002.

[278] Miura M, Vinogradov O. The effect of probability of coalescence on the evolution of bubble sizes in a turbulent pipeline flow: A numerical study [J]. Computers & Chemical Engineering, 2008, 32 (6): 1249-1256.

[279] Afzali B, Karimi H, Tahmasebi E. Dynamic simulation of gas turbine fuel gas supply system during transient operations：ASME Turbo Expo 2010：Power for Land, Sea, and Air, Glasgow, UK, 2010 [C]. American Society of Mechanical Engineers, 2010.

[280] Moloudi R, Esfahani J A. Modeling of gas release following pipeline rupture：Proposing non-dimensional correlation [J]. Journal of Loss Prevention in the Process Industries, 2014, 32：207－217.

[281] Amara L, Berreksi A, Achour B. Adapted MacCormack finite-differences scheme for water hammer simulation [J]. Journal of Civil Engineering and Science, 2014, 2 (4)：226－233.

[282] 赵文涛, 王正华, 刘仲, 等. 并行处理方法在液体火箭发动机三维数值模拟中的应用 [J]. 国防科技大学学报, 1999, 21 (4)：9－11.

[283] 张为华, 方丁酉, 代绪恒. 固体火箭发动机一维非定常两相喷管流场计算 [J]. 推进技术, 1987, 8 (4)：29－35.

[284] 田辉, 蔡国飙, 孙再庸. N2O/HTPB 固液火箭发动机喷管两相流计算 [J]. 航空动力学报, 2008, 23 (6)：1146－1150.

[285] 杨道伟, 徐正红, 廖伦鹏. 火箭两相射流对甲班影响的计算 [J]. 兵工学报：弹箭分册, 1992, 13 (2)：1－9.

[286] 张海波, 白春华, 丁儆, 等. 气液两相爆轰的数值模拟 [J]. 兵工学报, 2000, 21 (2)：119－122.

[287] 郭永辉, 田宙, 郝保田. 隐式 TVD 格式在气液两相爆轰数值模拟中的应用 [J]. 应用数学和力学, 2000, 21 (6)：655－660.

[288] 曹畅. 火炮膛内瞬态多相流场与药筒受力耦合作用研究 [D]. 南京：南京理工大学, 2005.

[289] 管小荣, 徐诚. 二级轻气炮发射过程数学模型和计算方法 [J]. 南京理工大学学报：自然科学版, 2007, 31 (1)：22－26.

[290] 李海庆, 张小兵, 李筱炜, 等. 激光多点点火二维两相流数值模拟 [J]. 兵工学报, 2012, 33 (3)：257－260.

[291] 袁亚雄, 张小兵. 高温高压多相流体动力学基础 [M]. 哈尔滨：哈尔滨工业大学出版社, 2005.

[292] Courant R, Friedrichs K, Lewy H. Über die partiellen Differenzengleichungen der mathematischen Physik [J]. Mathematische Annalen, 1928, 100 (1)：32－74.

[293] Wang C Y. Exact solutions of the unsteady Navier-Stokes equations [J]. Applied Mechanics Reviews, 1989, 42 (11S)：269－282.

[294] Wang C Y. Exact solutions of the steady-state Navier-Stokes equations [J]. Annual Review of Fluid Mechanics, 1991, 23 (1)：159－177.

[295] 陶文铨. 数值传热学 [M]. 第2版. 西安：西安交通大学出版社, 2001.

[296] 吴国忠, 张久龙, 王英杰. 埋地管道传热计算 [M]. 哈尔滨：哈尔滨工业大学出版

社，2003．

[297] Smith G D. Numerical solution of partial differential equations：finite difference methods [M]．Oxford：Oxford University Press，1985．

[298] Thomas J W. Numerical partial differential equations：finite difference methods [M]．Berlin：Springer Science & Business Media，1995．

[299] Johnson C. Numerical solution of partial differential equations by the finite element method [M]．New York：Courier Dover Publications，2012．

[300] Von Rosenberg D U. Methods for the numerical solution of partial differential equations [M]．New York：American Elsevier，1969．

[301] Richtmyer R D, Morton K W. Difference methods for initial-value problems [M]．Malabar：Krieger Publishing Co.，1994．

[302] Demirdži? I, Peri? M. Finite volume method for prediction of fluid flow in arbitrarily shaped domains with moving boundaries [J]．International Journal for Numerical Methods in Fluids，1990，10（7）：771－790．

[303] Chai J C, Lee H S, Patankar S V. Finite volume method for radiation heat transfer [J]．Journal of Thermophysics and Heat Transfer，1994，8（3）：419－425．

[304] Chui E H, Raithby G D. Computation of radiant heat transfer on a nonorthogonal mesh using the finite-volume method [J]．Numerical Heat Transfer，1993，23（3）：269－288．

[305] Melenk J M, Babuška I. The partition of unity finite element method：basic theory and applications [J]．Computer methods in applied mechanics and engineering，1996，139（1）：289－314．

[306] 陶文铨．计算传热学的近代进展 [M]．北京：科学出版社，2000．

[307] 贾力，方肇洪．高等传热学（第二版）[M]．北京：高等教育出版社，2008．

[308] 崔晓龙．非稳态环境对埋地管道传热影响的研究 [D]．大庆：大庆石油学院，2002．

[309] 张绍杰．埋地热油管道运行分析 [D]．成都：西南石油学院，2005．

[310] 吴国忠．埋地输油管道停启传热问题研究 [D]．大庆：大庆石油学院，2007．

[311] 王勖成．有限单元法 [M]．北京：清华大学出版社，2003．

[312] 王成恩，崔东亮，曲蓉霞，等．传热与结构分析有限元法及应用 [M]．北京：科学出版社，2012．

[313] 孔祥谦．有限单元法在传热学中的应用（第三版）[M]．北京：科学出版社，1998．

[314] McDonald A, Baker O. Multiphase flow in (gas) pipelines [J]．Oil and Gas Journal，1964，62（24）：68－71．

[315] Barua S. An experimental verification and modification of the McDonald-Baker pigging model for horizontal flow [D]．Tulsa：University of Tulsa，1982．

[316] Kohda K, Suzukawa Y, Furukawa H. A new method for analyzing transient flow after pigging scores well [J]．Oil & Gas Journal，1988，86（19）：40－43，46－47．

[317] Minami K. Transient flow and pigging dynamics in two-phase pipelines [D]. Tulsa: The University of TulsaThe Graduate School, 1991.

[318] Minami K, Shoham O. Pigging dynamics in two-phase flow pipelines: experiment and modeling [J]. International Journal of Multiphase Flow, 1996, 22 (S1): 145 – 146.

[319] Pauchon C L, Dhulesia H. TACITE: A transient tool for multiphase pipeline and well simulation: SPE Annual Technical Conference and Exhibiton, New Orleans, Louisiana, USA, 1994 [C]. Society of Petroleum Engineers, 1994.

[320] Lima P, Yeung H. Modeling of transient two phase flow operations and offshore pigging: SPE 49208, 1998 [C]. 1998.

[321] Larsen M, Hustvedt E, Hedne P, et al. Petra: A novel computer code for simulation of slug flow: SPE Annual Technical Conference and Exhibition, San Antonio, Texas, USA, 1997 [C]. SPE, 1997.

[322] 陈禹汀, 沈炳耘, 刘翀. 单相流气体管道清管模型研究概况 [J]. 新技术新工艺, 2010, 30 (11): 17 – 19.

[323] Azevedo L F A, Bracm A, Nieckele A O, et al. Simple hydrodynamic models for the prediction of pig motions in pipelines: Offshore Technology Conference, Houston, Texas, 1995 [C]. Offshore Technology Conference, 6 – 9 May.

[324] Azevedo L, Braga A, Nieckele A O, et al. Simulating pipeline pigging operations: Stavanger, Norway, 1999 [C]. 1999.

[325] Nieckele A O, Braga A, Azevedo L. Transient pig motion through gas and liquid pipelines [J]. Journal of Energy Resources Technology, 2001, 123 (4): 260 – 269.

[326] Nguyen T T, Kim S B, Yoo H R, et al. Modeling and simulation for pig flow control in natural gas pipeline [J]. KSME international journal, 2001, 15 (8): 1165 – 1173.

[327] Nguyen T T, Kim D K, Rho Y W, et al. Dynamic modeling and its analysis for PIG flow through curved section in natural gas pipeline, 2001 [C]. IEEE, 2001.

[328] Hosseinalipour S M, Salimi A. Numerical simulation of pig motion through gas pipelines, Crown Plaza, Gold Coast, Australia, 2007 [C]. School of Engineering, The University of Queensland, 2 – 7 December 2007.

[329] Tolmasquim S T, Nieckele A O. Design and control of pig operations through pipelines [J]. Journal of Petroleum Science and Engineering, 2008, 62 (3): 102 – 110.

[330] Saeidbakhsh M, Rafeeyan M, Ziaei-Rad S. Dynamic analysis of small pigs in space pipelines [J]. Oil & Gas Science and Technology-Revue de l'IFP, 2009, 64 (2): 155 – 164.

[331] 李玉星, 冯叔初, 王新龙. 气液混输管路清管时间和清管球运行速度预测 [J]. 天然气工业, 2003, 23 (4): 99 – 102.

[332] 李玉星, 冯叔初. 水平气液混输管道清管操作实验与数值模拟技术 [J]. 化工学报, 2004, 55 (2): 271 – 274.

[333] 史培玉, 岳明, 李玉星, 等. 水平管路清管过程流动参数变化规律模拟研究 [J]. 中国海上油气 (工程), 2004, 15 (6): 19-23.

[334] 丁浩, 李玉星, 冯叔初. 水平气液混输管路清管操作的数值模拟 [J]. 石油学报, 2004, 25 (2): 103-107.

[335] 李汉勇, 宫敬, 于达. 水试压后输气管道的清管过程瞬态分析及程序设计 [J]. 北京石油化工学院学报, 2005, 13 (3): 50-55.

[336] 邓涛, 宫敬, 于达, 等. 复杂地形对长距离输气管道试压排水的影响 [J]. 油气储运, 2014, 33 (12): 1326-1330.

[337] Xu X, Gong J. Pigging simulation for horizontal gas-condensate pipelines with low-liquid loading [J]. Journal of Petroleum Science and Engineering, 2005, 48 (3): 272-280.

[338] 徐孝轩, 宫敬. 富气输送管道清管模拟研究 [J]. 油气储运, 2008, 27 (2): 18-22.

[339] 刘宏波, 吴明, 周立峰. 输油管线中清管器运行规律研究 [J]. 天然气与石油, 2006, 24 (1): 17-19.

[340] 吕平, 吴明, 栗佳, 等. 清管器在输油管道中的运动规律研究 [J]. 管道技术与设备, 2006, 14 (5): 42-44.

[341] 王亚新, 栗佳, 包瑞新. 输油管道清管器受力数值研究 [J]. 辽宁石油化工大学学报, 2007, 27 (2): 39-41.

[342] 陈欣, 孙旭, 余国核, 等. 气液混输管道清管模型应用研究 [J]. 管道技术与设备, 2009, 17 (2): 38-39.

[343] 王荧光, 裴红, 刘文伟, 等. 气液两相流管道中的瞬态流动及清管操作模型 [J]. 国外油田工程, 2011, 26 (10): 47-51.

[344] 刘昕. 地形起伏天然气集输管线清管数值模拟研究 [D]. 成都: 西南石油大学石油工程学院, 2011.

[345] 王力. 长距离输油气管线清管过程仿真及应用研究 [D]. 西安: 西安石油大学, 2019.

[346] 郑利军, 汤淼, 丁俊刚, 等. 海底管道正向预热时机分析 [J]. 油气储运, 2014, 33 (2): 20-24.

[347] 杨宇航, 曾树兵, 钟小侠, 等. 海底管道联网预热优化设计 [J]. 港工技术, 2015, 52 (2): 63-65.

[348] 郝永顺, 李国权, 曾儒永, 等. 反向预热在海底管道投产前预热的应用 [J]. 管道技术与设备, 2018, (3): 9-12.

[349] 刁宇, 兰浩, 刘朝阳, 等. 保温热油管道不同投产方案对比 [J]. 油气储运, 2018, 37 (4): 428-434.

[350] Yuan Z, Wang Y, Xie Y, et al. Study improves subsea pipeline preheating [J]. Oil & Gas Journal, 2014, (12): 88-94.

[351] 杨宇航, 曾树兵, 钟小侠, 等. 海底管道联网预热优化设计 [J]. 港工技术, 2015, 52 (2): 63-65.